半湿润半干旱区水文预报模型研究及应用

师鹏飞　杨　涛　王晓燕　著

科学出版社

北　京

内 容 简 介

半湿润半干旱区流域水文模拟和洪水预报模型研究是目前水文学研究领域的热点和难点。本书在阐述半湿润半干旱流域产流和汇流特征的基础上，结合典型流域水文要素分析，重点介绍半湿润半干旱流域的产流模型及洪水预报模型等技术。本书内容主要包括：半湿润半干旱区产汇流特征、半湿润半干旱流域水文特性分析、下渗理论及方法、基于联合分布的垂向蓄超组合产流模型、基于变动产流层结构的产流模型、基于变动产流层结构和蓄超产流模式的水文模型等。

本书适合水文模拟及预报预测、水资源分析与评价等领域的科技工作者、工程技术人员参考，也可供相关专业的本科生、研究生和教师阅读。

图书在版编目（CIP）数据

半湿润半干旱区水文预报模型研究及应用/师鹏飞，杨涛，王晓燕著. —北京：科学出版社，2018.11

ISBN 978-7-03-059338-2

Ⅰ. ①半… Ⅱ. ①师…②杨…③王… Ⅲ. ①水文预报-水文模型-研究 Ⅳ. ①P338

中国版本图书馆 CIP 数据核字（2018）第 250932 号

责任编辑：周 丹 沈 旭/责任校对：彭 涛
责任印制：张 伟/封面设计：许 瑞

科 学 出 版 社 出版
北京东黄城根北街 16 号
邮政编码：100717
http://www.sciencep.com

北京虎彩文化传播有限公司 印刷
科学出版社发行 各地新华书店经销

*

2018 年 11 月第 一 版 开本：720×1000 1/16
2019 年 1 月第二次印刷 印张：8 3/4
字数：180 000

定价：99.00 元

（如有印装质量问题，我社负责调换）

本书由中国科学院“百人计划”项目（气候变化条件下新疆内陆干旱区河流的水文极端事件预测与调控研究，Y17C061001）、中国科学院重点部署项目（新疆山区径流水资源预测模型研制，KZZD-EW-12）课题一（新疆山区产流模拟关键变量研究，KZZD-EW-12-1）、北京金水信息技术发展有限公司研发项目（中小河流洪水预报模型研发，20168017316）和国家自然科学基金青年项目（植被重建影响下的降雨-产流阈值及水循环再分配，51809072）联合资助。

目　录

第1章 绪　　论

1.1 研究背景及意义

我国有37%的国土面积为半湿润半干旱区，面积大、人口多、经济体量大，洪涝灾害时有发生，严重威胁着社会经济安全，亟须研究半湿润半干旱区的产汇流机制，建立适用于半湿润半干旱区的流域水文模型，及时、准确地预报洪水，保障人民生命财产安全和社会经济发展（中共中央国务院，2011；庄一瓴和林三益, 1986）。“新丝绸之路经济带”覆盖的新疆、甘肃、宁夏、青海、陕西等多地均处于半湿润半干旱区，研究半湿润半干旱区水文预报模型，准确预报洪水，对保障国家水安全战略和“一带一路”倡议的顺利实施具有重要的意义。

在半湿润半干旱区，降水时空分布非均匀性强，降水主要集中在雨季的几场高强度降雨过程，强度大、历时短、分布极不均匀，洪水具有突发性（李力, 2009; 胡彩虹, 2004）。此外，半湿润半干旱区下垫面复杂，包气带厚，难蓄满，土壤介质复杂，垂向异质性强，存在相对不透水层界面流。经典产流理论难以刻画半湿润半干旱区的真实产汇流过程，一直存在着水文预报准确度低的突出问题。在半湿润半干旱区，特别是半干旱区及地下水位下降严重的半湿润区，尚无适用的流域水文模型，预报精度无法满足社会发展的需求。因此，开展半湿润半干旱区的洪水预报模型研究，具有重要的理论及应用意义。

1.2 国内外研究进展综述

1.2.1 产流理论研究进展

1935年Horton提出了史上第一个产流理论，指出降雨产流的两个基本条件：①降雨强度超过地面下渗能力时，产生超渗地面径流；②下渗水量超过包气带缺水量时，超过的部分成为地下径流（Horton, 1935; 1939）。20世纪70年代，Dunne和Black（1970）在大量观测和实验基础上发现了壤中流的形成条件和饱和地面径流机制。Dunne提出的产流理论揭示了相对不透水层产流机制和饱和机制，丰富了流域产流理论。虽然产流理论得到了极大完善，但上述理论均为在点尺度或实验场尺度的探索，由于流域内土壤特性、植被覆盖、前期土壤含水量、地形地貌等存在空间非均匀性，流域产流量一直无法准确计算。流域局部产流问题（赵人俊和庄一鸰, 1963; Musgrave and Horton, 1964; Dunne and Black, 1970）的发现，使水文工作者对流域产流的认识上升到了新层次。为准确模拟产流，水文学家提出了局部贡献面积（partial contribution areas, PCA）（Betson, 1964; Ragan, 1968; Dunne and Black, 1970）和变动源面积（variable source areas）（Musgrave and Horton, 1964; Hewlett and Hibbert, 1967）。能否合理表征局部贡献程度及流域局部产流过程，成为决定流域水文过程模拟精度的关键。我国水文学家赵人俊教授等提出的张力水蓄水容量曲线（Zhao et al., 1980）、国外水文学家 Beven 和 Kirkby（1979）提出的利用地形指数反映变动产流面积、SCS 模型中通过不同 CN 值推求局部有效最大存储量（McCuen, 1982）等方法，为流域非均匀局部产流模拟提供了切实可行的途径，促使流域水文模型真正应用到实践中。随着计算机技术和 DEM 技术的发展，利用分布式网格手段解决局部产流问题也得到快速发展（Abbott et al., 1986a; Kim and Steenhuis, 2001; Ivanov et al., 2004）。石朋等（2008）利用对数韦布尔分布曲线，建立了网格蓄水容量和地形指数的关系，解决了分布式新安江模型中确定网格蓄水容量的难题，实现了分布式模型中空间产流不均匀性描述。后来，考虑到地形指数等方法是静态的（Grabs et al., 2009），一些学者利用 SCS-CN 与土壤地形指数集合的半分布式模型来识别局部产流面积的时空分布（Schneiderman et al., 2010; Dahlke et al., 2009），还有学者利用当前降雨指数（current precipitation index，CPI）发展局部贡献面积（PCA）时变模拟理论（Lee and Huang, 2013）。尽管局部产流研究取得了丰硕成果，但国内外水文学家发现，即使很精细地描述了流域水平方向产流的非均匀性，半湿润半干旱区的水文模拟精度依然较低（徐宗学和李景玉, 2010），其原因值得深思。实际上，半湿润半干旱区多数区域包气带较厚、土壤缺水量较大，基本难以蓄满，基于蓄水容量分布和地形指数等方法的空间局部产流理论主要针对湿润区，认为产流的前提条件是包气带蓄满或者饱和，其识别的产流区为包气带蓄满或饱和的区域。因此，以包气带蓄满（或饱和）为特征的空间局部产流方法并不能很好地适用于华北半湿润半干旱区，难以识别包气带未蓄满（或未饱和）条件下，因高强度集中降水引起的部分区域产生的超渗地面产流、饱和地面产流、包气带上部相对不透水层局部饱和产流。此外，基于“超渗产流”模式，以下渗能力分布曲线为代表的空间局部产流方法（赵人俊, 1984; 包为民和王从良, 1997; 晋华, 2006; 李力, 2009），仅能识别超渗地面径流的贡献面积，不能识别土壤前期缺水量较小条件下的包气带土壤蓄满或饱和机制的径流成分对流域产流的贡献（面积）。因此，现有产流空间非均匀性描述理论显然不足，在半湿润半干旱区，还需考虑包气带入渗产流的垂向非均匀性，进一步精细化描述时空不均匀产流。在实际产流过程中，下渗湿润锋和局部饱和带的深度不仅受不同雨强、雨型影响，还受土壤垂向空间分异特征的复杂影响，产流层的深度和范围是动态变化的，因此并不存在固定的产流层。在半湿润半干旱区降水和土壤特性复杂时空变化下，流域产流区域的识别不能仅以包气带饱和面积或超渗面积来描述，还应考虑包气带垂向局部饱和带的动态变化对产流的贡献。

土壤水文学中相关下渗理论的发展，为详细模拟垂向降雨入渗过程和处理土壤特性空间变异提供了有力工具（雷志栋等, 1988）。一方面，利用经典土壤水动力方程——理查德（Richards）方程，可描述垂向降雨入渗及包气带局部动态产流过程。与流域水文学中的经验方法相比，Richards 方程更能描述产流带的变化和垂向产流非均匀性。但由于其高度的非线性，即使对于小尺度问题，仍然要求求解大规模的方程系统（Troch et al., 2003）。另一方面，以 Green-Ampt 为代表的入渗模型，能够计算垂向入渗速度，也可计算入渗条件下土壤含水率的垂向分布，但此类公式均在简化条件下推导得出，其模拟效果未必好于经验公式，且公式计算复杂，常数往往需要试验确定，应用较为困难（芮孝芳, 2004）。总体来说，土壤水动力学方法为精细化描述产流带变化和空间产流不均匀性提供了新的途径，但土壤水文学中用于实验土柱或点尺度的理论方法，在网格尺度和流域尺度的有效性仍有待验证（Beven, 2002; Abbott and Refsgaard, 2003）。Troch 等（2002）采用低维动力方程描述复杂三维结构下的山坡水动力过程，建立了山坡蓄量动力学理论。该理论提供了一种融合地貌特征的山坡水文模拟方法，为解决水文模拟中的尺度扩展问题指出了新方向（Troch et al., 2007）。然而，将其应用于流域尺度仍然需要在理论和方法上不断完善，其在解决尺度扩展和参数化问题上的意义有待进一步分析验证。上述土壤动力学方法为非饱和带入渗和产流过程的精准模拟提供了有力的工具，但从流域水文响应角度，该类方法的有效性仍有待验证。

总体而言，半湿润半干旱区的时空不均匀产流的研究仍然不足，在流域或网格尺度上，关于产流区识别和时空动态产流理论的研究，仍然较为薄弱，亟待深入研究。

1.2.2 流域水文模型研究进展

1.2.2.1 流域水文模型分类

流域水文模型通常可以分为三大类：系统理论模型、概念性模型和物理模型

（石教智和陈晓宏, 2006）。系统理论模型只关心模拟结果的精度，而不考虑输入与输出之间的物理因果关系，又称“黑箱子模型”。代表性成果有：20 世纪 70 年代末爱尔兰 J. Dooge 教授提出的线性水文系统理论、爱尔兰 UCG 大学 Nash 提出的总径流线性响应模型（TLR）和线性扰动模型（LPM）等（Kang and Liang, 1986）。国内代表性的系统理论模型有水文时变增益非线性模型（TVGM）（Xia, 1995; Xia et al., 2005），该模型考虑产流量与土壤湿度、不同下垫面和降水强度之间的非线性系统关系，建立降雨-径流形成的“时变增益”非线性产流公式。概念性模型以水文过程的物理概念和一些经验公式为基础构造，把流域的物理基础（如下垫面等）进行概化（如线性水库、土层划分、蓄水容量曲线等），再结合水文经验公式（如下渗曲线、汇流单位线、蒸散发公式等）来近似地模拟流域水流过程（董艳萍和袁晶瑄, 2008），代表性模型主要有：斯坦福模型（Crawford and Linsley, 1966）、水箱模型（tank model）（Sugawara et al., 1986; Sugawara, 1995）、萨克拉门托模型（Vrugt et al., 2006; Finnerty et al., 1997; Gan et al., 1997），以及我国的新安江模型（赵人俊, 1984; 赵人俊和王佩兰, 1988;王佩兰和赵人俊, 1989）等。物理模型认为流域上各点水力学特性是非均匀分布的，依据物理学的质量、动量与能量守恒定律和流域产汇流特性，构造水动力学方程组，模拟降雨径流在时空上的变化过程，代表性模型有：SHE 模型（Abbott et al., 1986a;Refshaard et al., 1995）和 DBSIN 模（Garrote and Bras, 1995）等。

从反映水文要素空间变化能力的角度，水文模型分为集总式模型和分布式模型。集总式模型的基本特征是将流域作为一个整体来模拟径流形成过程，其本身并未从机理上考虑降雨和下垫面条件空间分布不均匀性对流域径流形成的影响，模拟和预报结果只关注流域出口流量过程。现有集总式模型多数均由概念性元素按降雨-径流过程构成，不同概念性集总式模型的区别在于采用的概念性元素的不同及组合方式的不同（芮孝芳等, 2006）。分布式模型的基本特征是认为流域上各点水力学特性是非均匀分布的，水文要素在流域上分布并不均匀，应将流域划分为很多单元，然后根据流域产汇流特性，计算单元之间的质量和能量传递。按照计算径流采用的理论和方法，分布式模型可分为概念性分布式水文模型和具有物理基础的分布式水文模型两类。按照单元面积向出口断面汇集过程的处理方法，分为松散型和耦合型两类。松散型结构假设单元面积之间互不影响，先计算各单元面积对流域的贡献，再通过叠加确定流域响应。概念性分布式水文模型一般为松散型的，松散型结构的优点在于计算方法简单，缺点在于反映降雨径流过程尚不完善。耦合型结构利用一组微分方程及其定解条件构成的定解问题来描述降雨径流过程，优点在于能够很好地反映径流形成机制，缺点在于必须通过联立求解才能确定整个流域过程，解算困难，甚至不存在稳定解。在现有条件下，具有物理基础的松散型分布式水文模型优缺点正好介于两者之间，值得开发研究（芮孝芳等, 2006）。此外，介于集总式模型和分布式模型之间，还有一种“半分布式”水文模型，其不像SHE模型那样包含详细的过程描述，而是利用分布函数描述流域产流能力的空间不均匀性。其典型代表有：①基于水文相似性指数的分布，如以地形为水文过程空间变异性基础的TOPMODEL（Beven et al., 1995; Franchini et al., 1996）；②基于简单函数或经验曲线形式的，如新安江模型、VIC模型（Wood et al., 2004; Liang et al., 1996）等；③基于GIS计算的水文相似单元的，如SWAT模型（Neitsch et al., 2011;Abbaspour et al., 2007）。此类半分布式水文模型都很重视流域响应的空间变异性，且考虑了流域地形、地貌、土壤等因素对径流形成的影响，并将集总式水文模型计算和参数方面的优点与分布式水文模型物理基础好的优点结合在一起，结构简单、参数少，物理概念较明确。但也有缺点，其侧重流域尺度的总体响应和空间变异性描述，并不能确定局部产汇流特征，即哪些地方产流了、产生多大流量无法确定。

1.2.2.2　流域水文模型发展进程

1966年，美国斯坦福大学水文学家Crawford和Linsley合作研制了世界上第一个流域水文模型——斯坦福流域水文模型（SWM）（Duan et al., 1992），自此流域水文模型开始成为水文学界的研究热点，如雨后春笋般层出不穷。目前，全世界常见的流域水文模型有70多个（Singh and Woolhiser, 2002），其中应用较为广泛的有十几个。

20世纪70年代到80年代，国际水文发展十年计划（1965～1974年）和国际水文计划第一阶段（1975～1980年）、第二阶段（1981～1983年）和第三阶段（1984～1989年）的相继实施，促进了流域水文模型的研究取得重大突破，形成了一系列优秀的成果，并得到广泛应用。1970年Dawdy等提出了美国地质调查局模型USGS（Dawdy et al., 1978），成为美国水资源规划与管理的标准模型；1973年Burnash等提出了美国国家气象局河流预报系统模型NWS-RFS（Burnash, 1995）；1974年Sugawera建立了水箱模型——Tank（Sugawara et al., 1986），在日本最为常用；1976年Bergstrom建立了HBV（Bergstrom, 1991）模型，成为北欧国家洪水预报标准模型；1977年Quick提出了大不列颠哥伦比亚大学模型UBC（Quick, 1995），在加拿大流行；1979年Beven提出了TOPMODEL（Beven and Kirkby, 1979），在世界各地得到广泛应用；1980年赵人俊提出了新安江模型Xinanjiang model（赵人俊, 1984），在我国得到极为广泛的应用，在国际上也得到广泛应用；1981 年 HEC 构建了 HEC-HMS（Hydrologic Engineering Center, 2000）模型，作为美国排水系统设计和定量研究土地利用对洪水影响的标准模型；1988 年 Todini 提出了 ARNO（Todini, 1996）模型，在意大利广泛应用；1993 年 Kouwen 提出 WATFLOOD（Kouwen, 2000）模型，在加拿大流行；1995 年 Todini 构建了 TOPIKAPI（Todini, 1995）模型，在意大利广泛应用。

总体而言，在 20 世纪 70 年代到 80 年代，流域水文模型发展迅猛，产生了一大批优秀成果，这些模型主要集中在集总式模型、概念性模型、系统论模型，同时也出现了一些利用分布式思维建模的探索，如将地形指数作为水文过程空间变异性基础的 TOPMODEL。80 年代后期至今，全世界范围内流域水文模型研究进展缓慢，主要是利用伴随计算机技术出现的地理信息系统、数字化高程模型对原有流域水文模型的修改、升级和完善，基础产汇流理论方法并无大突破（芮孝芳和黄国如, 2004）。80 年代以后，流域水文模型开始面临新的挑战，包括降雨径流过程随时间和空间变化的问题、水文过程的空间变异性问题，以及随着社会发展衍生出的水文与气候、环境、生态、化学等过程耦合的问题。由于系统性模型、概念性模型本身存在不足和局限性，无法解决这些新衍生出的问题和挑战，于是水文学者们开始研究分布式水文模型。20 世纪 90 年代兴起的计算机技术、GIS、遥感技术、雷达测雨技术，为研究分布式水文模型提供了必要的和强大的信息支撑、技术支撑，一时间分布式水文模型成为水文学研究的热点课题（Vieux, 2001; Storck et al., 1998; Fortin et al., 2001; Carpenter and Georgakakos, 2004）。

最早的分布式水文物理模型的概念和框架是 Freeze 和 Harlan 于 1969 年发表的“一个具有物理基础的数字模拟水文响应模型的蓝图（FH69 蓝图）”（Blueprint for a physical-based digitally-simulated hydrological response model）（Freeze and Harlan, 1969）。但由于当时概念性、集总式水文模型发展正热，鲜有人关注分布式水文模型。直到 1986 年，世界范围内诞生出了第一个分布式物理水文模型，由英国、法国和丹麦等国家的科学家联合研制而成，称为欧洲水文系统（SHE）模型（Abbott et al., 1986b），其在模拟水体运动的水文过程时用到的是水体的质量、动量和能量守恒偏微分方程的有限差分描述，以及独立通过实验研究的经验公式。关于流域参数、降雨输入和水文响应，在水平方向采用的是栅格网，在垂直方向上采用具有分层结构的土壤柱体（李致家等,2010）。随后，在 90 年代初期由丹麦水力学研究所（DHI）又在 SHE 的基础上研制出 MIKE SHE。MIKE SHE 是一个综合性、确定性且具有物理意义的分布式水文系统模型，与 SHE 模型相比，增加了溶质对流和扩散模块、地球化学模块、作物生长和根系氮的运移模块、土壤侵蚀模块、双向介质中的孔隙模块及灌溉模块等，可以用于模拟陆地水循环中所有的主要水文过程，包括水流运动、水质和泥沙运移等（Refshaard et al., 1995; Thompson, 2012）。此后，具有物理基础的分布式水文模型开始逐步出现。例如，美国的IHDM模型（Calver et al., 1995）、德国的HILLFLOW模型、澳大利亚的CSIRO TOPOG模型（Beverly, 1992）等，这些模型无一例外均是以FH69蓝图作为建模的基本框架，即以质量、能量和动量方程描述自然系统，并考虑各变量和参数的空间变异性。模型中的参数具有明确的物理意义，且可通过实测资料估计。与集总式模型的区别在于，此类模型是通过连续性的控制方程直接计算水量和能量的流动与增减，而非直接量化流域中蓄水单元间的水量交换（张金存和芮孝芳, 2007）。分布式模型旨在对每一个单元的降雨径流过程做细致的刻画，但是迫于现有理论条件，仍然要做一些概化处理。例如，因为目前尚无描述单元尺度的大孔隙中的优先流物理方程而将其忽略不计，又如忽略土壤水分特征曲线的滞后作用，以及坡面流常被简化为均匀层流来处理等。以MIKE SHE为代表的分布式物理模型虽然存在一定局限性，但在水文过程描述、生态、环境、水土流失等领域的分析评价等方面具有集总式模型无可比拟的优势。我国学者也研制出了一系列分布式水文模型，如Grid-Xinanjiang模型（姚成, 2009; Yao et al., 2009），该模型先计算出每个栅格单元的植被冠层截留量、河道降水量和蒸散发量，然后计算出栅格单元的产流量，并采用自由蓄水库结构对其进行水源划分，最后再根据栅格间的汇流演算次序依次演算至流域出口。武汉大学夏军教授基于水文非线性理论和水文物理过程，研制出了分布式水文时变增益模型——DTVGM（夏军等, 2004）。清华大学杨大文教授研制出了基于地貌学的分布式水文模型——GBHM（Yang, 1998, 2002），并嵌入到水利部水文局的“中国洪水预报系统”中实时滚动预报。该模型的计算单元的尺度远大于DEM网格，其利用地貌相似性理论保证空间离散后的水文相似性，从而降低分布式水文模型空间结构的复杂性。

国内外对分布式水文模型的态度总体分为两种。一种非常支持分布式物理模型的观点认为，基于水流的环境影响分析对分布式物理模型有极强的依赖性，若想开展环境影响分析，必然要研发分布式物理模型。另一种观点认为分布式物理模型未必有必要，考虑的越精细意味着更复杂，存在更多的参数需要率定，将会带来更大不确定性，特别是在超出率定资料范围时（Beven, 2000），应该开发参数相对简约的分布式水文模型。著名水文学家Beven认为，即使测量技术非常完善之后，仍然需要两种水文模型，一种用于小尺度上详细理解水文过程，即依赖水流流路、地形地貌地质特性的分布式物理模型，另一种用于流域尺度的预测预报（Beven, 2000），不要求那么多的输入资料，且数据在较大尺度上必须是容易获得的、经济可行的。

基于水动力学的分布式水文模型，主要存在以下问题：首先，求解问题。模型往往不能求得解析解，在实际应用情况下要使用数值解法（有限差分、有限元等）。其次，理论基础及适应尺度问题。所有的物理基础对地下水分运动的描述均依据达西定律和理查德方程，但是理论方程对应的尺度与其实际应用在流域上的尺度不一致（Beven, 2002）。因此需要依据模拟总径流量与实测资料的对比来率定出尺度变化后的“有效参数值”，作为模型的参数值。再次，简单概化问题。虽然物理模型运用数学物理方程描述连续过程，但仍无法避免要对过程进行简单的概化，如将坡面径流视作层流处理，认为深度和流速均匀。最后，参数问题。理论上物理模型的参数可以实测或由实测资料得出，但在实践中，由于水文系统的非线性和结构异质性，物理模型的参数往往并不能由实测物理量得出（Beven, 1995），这就衍生出了网格尺度上的“有效参数值”。然而，这个过程远不如率定集总模型那般简单和快捷，因为绝大部分有效参数代表的是局部特征，而非代表流域属性的整体效应。当调整好的参数可以适应流域时，人们又会重新来反思，此时的参数是否还有物理意义，或者此时模型是否成了“精细化黑箱子”。后来，出现了一些不再强调利用数学物理方程描述水文物理过程的模型——概念性分布式水文模型。主要思路是将应用效果较好的典型的集总式模型用于单元网格的产流计算，然后链接一个汇流模型，如美国国家气象局的 HL-RMS 模型（Koren et al., 2004）、TACD 模型（Uhlenbrook，2004）等。在概念性分布式水文模型中同样面临确定有效参数的问题，一般情况下不可直接将流域尺度上率定好的集总模型的参数移用到网格上，现有研究中多是将参数与流域下垫面特征建立关联关系（魏林宏, 2004; 郑红星等, 2004; Woolhiser, 1996）。

1.2.3　半湿润半干旱区水文模型研究进展

半湿润半干旱区的流域水文模拟比湿润区或干旱区更为复杂和困难。半湿润半干旱地区洪水预报精度往往很低，甚至达不到乙级精度（黄鹏年等,2013）。我国北方大部分区域，年降雨量在 200～800mm，属于半湿润半干旱地区。该区域降水变异性大、水旱灾害频繁发生，洪水预报精度却较低，因此，亟须高精度的水文预报模型和方案。针对半湿润半干旱地区产汇流特征，国内外水文学者开展了一系列探索。

1973 年，美国萨克拉门托（Sacramento）河流预报中心提出了萨克拉门托模型，简称 SAC 模型。SAC 模型功能较为完善，研发者对模型的期望是不只适用于湿润地区，还适用于干旱地区。模型将流域划分为永久不透水面积、可变的不透水面积和透水面积三部分，将水源划分为直接径流、地面径流、壤中流、快速地下水和慢速地下水。日本国立防灾中心的菅原正己（Sugawara）博士于 1961 年提出了单列的简单水箱模型，后经过不断改进和完善，将模型适用区域从湿润地区延展到了干旱地区（Sugawara et al., 1961），构建了干旱地区水箱模型[串联水箱模型 Tank-Ⅰ和并联水箱模型 Tank-Ⅱ（Zhang et al., 2008a, 2008b）]。在非湿润区域（半湿润干旱区、干旱区）或者湿润地区的干旱季节，流域内各处的土壤含水量分布不均匀。一般来说，流域边缘山区土壤相对干燥，植被覆盖差，而河流沿岸及平原地区土壤相对湿润，植被覆盖度高。本着湿润地区先产流，干燥地区后产流的原则，模型在非湿润地区或者湿润地区的干旱季节考虑产流面积的变化以及土壤水分对蒸散发的影响。模型在美国、澳大利亚、喀麦隆和东南亚一带应用，在我国也有应用（李纪生和朱希贤, 1982; 关志成等，2001）。

1974 年，世界气象组织（WMO）曾对当时有代表性的流域水文模型进行了一场验证对比（Sittner, 1976）。参与验证对比的模型包括：澳大利亚气象局模型（CBM）（Makis et al., 2006）、法国海外科技研究办公室的模型（Girardi）、日本国立防灾中心的 Tank-Ⅰ和 Tank-Ⅱ模型、罗马尼亚气象和水文所的洪水预报模型、美国陆军工程兵团的径流综合和水库调节模型（SSARR）（Speers and Singh, 1995）、美国国家气象局的水文模型（NWSH）、美国国家气象局河流预报中心的萨克拉门托模型（SAC）（Němec, 1986）、原苏联水文气象中心降雨径流模型（HMC）（Derrode and Mercier, 2007）、意大利帕维亚大学的约束性系统模型（CLS）（Misra et al., 2005）。验证区域包括：美国的 Bird 流域（2344km^2）、苏联的流域（12100km^2），澳大利亚的 Wollombi 流域（1580km^2）、日本的 Kizu 流域（1445km^2）、喀麦隆的 Sanaga 流域（131500km^2）、泰国的 Nam Mun 流域（104000km^2）。每个流域提供 8 年的资料进行模型验证，其中 6 年资料给模型研制者率定模型参数，剩余 2 年由 WMO 组织专家对模型进行检验。最后得出的结论是：①在湿润地区，所有模型都适用；②包括土湿计算方案的模型对旱季的模拟有利；③在干旱地区，模型适用性普遍降低。结构不定的模型适应性相对较好，能够适应多种气候与地理条件，如 Tank 模型。正是此次活动，将 Tank-Ⅰ和 Tank-Ⅱ模型由湿润区扩展到了干旱地区（包为民, 2009）。

国内高校和相关科研机构也相继开展了关于半湿润半干旱区水文模型的研究（程磊等, 2009;董小涛等,2006; 胡和平等, 2004）。为适应我国干旱地区水文预报的生产需求，河海大学赵人俊教授等学者在陕北子洲径流试验站分析了人工积水试验下的下渗规律，提出陕北降雨径流模型，简称陕北模型，该模型实为下渗曲线理论的直接应用，适用于干旱地区或者以超渗产流为主的地区（赵人俊,1984）。湖北省水文水资源局张文华 1982 年在深入分析土壤下渗及降雨产流特性后，提出了以霍顿产流公式为基础的产流计算模型，建立了下渗曲线流域产流模型（张文华,1990）。西安理工大学沈冰 1984 年基于格林安普特公式，以水文参数取代土壤物理参数，导出了雨前土壤含水量与雨强关联的下渗公式，构建了黄河沟壑区产流计算模型（沈冰和范荣生, 1984）。武汉水利电力学院刘培洪 1987 年在辽西半干旱地区，基于观测到的下渗锋面和蒸发资料，建立了辽西半干旱地区水文模型（刘培洪, 1987）。2003 年，河北省水文水资源局陈玉林和韩家田结合区域生产实践，建立了二水源的“河北模型”（陈玉林和韩家田, 2003），用下渗能力分布曲线模拟计算地表径流，建立“表层土湿”概念及计算方法，结合“下渗锋面”的概念以及蓄满产流原理来计算地下径流。

以上模型方法均基于下渗公式或下渗曲线理论建立的区别于湿润地区蓄满产流的产流计算，侧重超渗产流计算。然而，由于半湿润半干旱地区产流组分的多样性，以及社会经济发展对预报精度要求的提高，单一的侧重超渗产流计算的水文模型已经不能适应需求。因此，一些学者开始探索基于“混合产流”理念的流域水文模型（王贵作和任立良, 2009; 包为民等, 2014）。雒文生等 1992 年针对半湿润半干旱地区的产流特点，提出了蓄满-超渗兼容模型（雒文生等, 1992）。河海大学包为民和王从良针对半干旱地区产流特点，在新安江模型基础上，提出了垂向混合产流模型（包为民和王从良, 1997;王庆平等, 2012），能够同时考虑超过地面下渗能力而产生的超渗地面径流和超过包气带蓄水容量而产生的地下水径流。此后，一些学者多从“混合产流”出发，根据“超渗”和“蓄满”机理，建立能够同时考虑多种产流组分的水文模型。中国地质大学晋华引入供水度概念，利用含有前期土湿因子的下渗公式，建立了下渗能力归一化分配曲线，并结合包气带蓄满产流理论，建立了双超（超渗和超持）产流模型（晋华, 2006; 王建云, 2006）。西安理工大学李力建立了地下产流能力的流域分配曲线，与双超产流模型中地表入渗能力分配曲线相结合，建立了半干旱半湿润流域洪水预报模型 SAH（李力, 2009）。

1997 年 12 月我国举行了全国水文模型竞赛，竞赛结果表明：在半湿润半干旱地区，几乎没有一个模型能够取得满意的模拟结果。总体而言，我国在半湿润半干旱水文模型研究方面还有很长的路要走。制约半湿润半干旱流域水文模型模拟效能的原因在于理论方法的薄弱和不足（现有产流模式、汇流方法等适用性不足），而不在于模型本身是集总式的还是分布式的。因此，对于当前情况下的半湿润半干旱区的水文模型研究，应首先侧重从理论和方法本身开展研究，提高半湿润半干旱区的水文模拟理论，然后吸收分布式建模的优点，以提高对流域产汇流过程的空间不均匀性的描述。

制约半湿润半干旱地区水文模拟的因素可归纳为以下3点：①降雨分布的高度非均匀性。在半湿润半干旱地区，年降水量一般较小，年内分配极不均匀，降水量多集中在7、8、9月份。而且往往集中在几场大的暴雨，强度大、历时短、分布极不均匀，容易形成突发性的洪水。其他月份降水很少，无洪水，有的河道甚至不过流，从而导致流量过程连续性较差。②流域下垫面的复杂性。包气带厚，气候干燥，降水较少，蒸发量较大，导致土壤地表干燥，缺水较多。而且，近年来开采地下水严重，使得地下水埋深增大，包气带进一步增厚，一场或几场降雨很难使其蓄满而产流。包气带变厚导致包气带垂向异质性增大，不同渗透特性的土层之间存在多个相对不透水层，壤中流的产生条件发生变化。流域坡面和河道均干旱缺水，径流在汇集过程中容易再次下渗，极易造成径流损失，包括坡面损失和河道损失。③产汇流过程的特殊性。包气带厚、难以蓄满的特点，决定了流域产流组分由超渗地面径流和壤中流为主导，地下水径流较少或没有；包气带垂向异质性增大导致包气带相对不透水层增多，壤中流发生条件产生变化；下垫面严重缺水（土壤表面干燥、河道干涸），导致径流在汇集过程中出现二次下渗，补给包气带缺水和地下水，从而出现洪峰和洪量的衰减，可称为“衰减效应”。例如，1988年8月洪水时黄壁庄水库泄洪8.79亿m^3，经过8天，下游北中山站开始涨水，水量只有1.85亿m^3，洪量损失了79%（陈玉林和韩家田, 2003）。

在黄土高原地区，包气带厚但垂向节理欠发育，缺乏壤中流产流条件，因此可采用超渗产流来计算。但在大多数半湿润半干旱地区，不像湿润区和干旱区那般有某种产流机制占据主导，而是存在超渗地面径流、多层壤中流、地下径流等多种径流组分，产流过程复杂，产流计算时不能概化为一种产流模式。此外，半湿润半干旱区还存在径流损失现象，现有模型缺乏对其进行模拟和计算的结构。

1.3　本书主要内容

本书首先回顾产流理论及模型研究进程，分析半湿润半干旱区产流和汇流特征，并结合实例分析半湿润半干旱流域的水文特性。随后，介绍下渗理论方法、常用半湿润半干旱区水文模型。最后，详细地介绍半湿润半干旱区洪水预报模型的建模思路、技术方法及应用实例。

全书共有7章：

第1章论述开展半湿润半干旱区洪水预报模型研究的意义及国内外研究进展。

第2章从产流机制入手，分析半湿润半干旱区的产流特征，并分析流域汇流特征。

第 3 章选择典型半湿润半干旱流域，对降水、径流、蒸发、径流系数等变化进行分析，描述半湿润半干旱流域水文特性。

第 4 章介绍水文模型建模过程中常用的下渗理论及方法。

第 5 章详细介绍基于联合分布的垂向蓄超组合产流模型，包括建模思路、模型结构、模型计算公式、模型参数以及应用实例等。

第 6 章详细介绍基于变动产流层结构的产流模型，包括建模思路、模型结构、模型计算公式、模型参数以及应用实例等。

第 7 章详细介绍基于变动产流层结构和蓄超产流模式的水文模型，包括建模思路、模型结构、模型计算公式、模型参数以及应用实例等。

参 考 文 献

包为民. 2009. 水文预报. 4 版[M]. 北京：中国水利水电出版社.

包为民，王从良. 1997. 垂向混合产流模型及应用[J]. 水文, (3): 18-21.

包为民，赵丽平，王金忠，等. 2014. 垂向混合产流模型参数的线性化率定[J]. 水力发电学报, 33(4): 85-91.

陈玉林，韩家田. 2003. 半干旱地区洪水预报的若干问题[J]. 水科学进展, 14(5): 612-616.

程磊，徐宗学，罗睿，等. 2009. SWAT 在干旱半干旱地区的应用——以窟野河流域为例[J]. 地理研究, 28(1): 65-73, 275.

董小涛，李政家，李利琴. 2006. 不同水文模型在半干旱地区的应用比较研究[J]. 河海大学学报(自然科学版), 34(2): 132-135.

董艳萍，袁晶瑄. 2008. 流域水文模型的回顾与展望[J]. 水力发电, 34(3): 20-23.

关志成，朱元甡，段元胜，等. 2001. 水箱模型在北方寒冷湿润半湿润地区的应用探讨[J]. 水文, 21(4): 25-29.

胡彩虹. 2004. 黄河流域水文模型的分析比较研究[D]. 武汉：武汉大学.

胡和平，汤秋鸿，雷志栋，等. 2004. 干旱区平原绿洲散耗型水文模型——I 模型结构[J]. 水科学进展, 15(2): 140-145.

黄鹏年，李致家，姚成，等. 2013. 半干旱半湿润流域水文模型应用与比较[J]. 水力发电学报, 32(4): 4-9.

晋华. 2006. 双超式产流模型的理论及应用研究[D]. 北京：中国地质大学.

雷志栋，杨诗秀，谢传森. 1988. 土壤水动力学[M]. 北京：清华大学出版社.

李纪生，朱希贤. 1982. 水箱模型在东江站洪水预报中的应用[J]. 水文, (1): 42-52.

李力. 2009. 半干旱半湿润流域洪水预报模型的研制及应用[D]. 西安：西安理工大学.

李致家，孔凡哲，王栋，等. 2010. 现代水文模拟与预报技术[M]. 南京：河海大学出版社.

刘培洪. 1987. 半干旱地区流域水文模型的研制及应用[D]. 武汉：武汉水利电力学院.

雒文生，胡春歧，韩家田. 1992. 超渗和蓄满同时作用的产流模型研究[J]. 水土保持学报, 6(4): 6-13.

芮孝芳. 2004. 水文学原理[M]. 北京: 中国水利水电出版社.
芮孝芳, 黄国如. 2004. 分布式水文模型的现状与未来[J]. 水利水电科技进展, 24(2): 55-58.
芮孝芳, 蒋成煜, 张金存. 2006. 流域水文模型的发展[J]. 水文, 26(3): 22-26.
沈冰, 范荣生. 1984. 黄土地区三个超渗产流模型对比分析[J]. 水文, (3): 9-15.
石教智, 陈晓宏. 2006. 流域水文模型研究进展[J]. 水文, 26(1): 18-23.
石朋, 芮孝芳, 瞿思敏, 等. 2008. 一种通过地形指数计算流域蓄水容量的方法[J]. 水科学进展, 19(2): 264-267.
王贵作, 任立良. 2009. 基于栅格垂向混合产流机制的分布式水文模型[J]. 河海大学学报(自然科学版), 37(4): 386-390.
王建云. 2006. 双超产流模型在册田水库的应用[J]. 华北国土资源, (6): 37-38.
王佩兰, 赵人俊. 1989. 新安江模型(三水源)参数的客观优选方法[J]. 河海大学学报, (4): 65-69.
王庆平, 沈国华, 王红艳. 2012. 垂向混合产流模型在不同地区的应用与改进[J]. 节水灌溉, (5): 11-15.
魏林宏. 2004. 时空尺度对洪水模拟的影响研究[D]. 南京: 河海大学.
夏军, 王纲胜, 谈戈, 等. 2004. 水文非线性系统与分布式时变增益模型[J]. 中国科学 D 辑: 地球科学, 34(11): 1062-1071.
徐宗学, 李景玉. 2010. 水文科学研究进展的回顾与展望[J]. 水科学进展, 21(4): 450-459.
姚成. 2009. 基于栅格的新安江(Grid-Xinanjiang)模型研究[D]. 南京: 河海大学.
张金存, 芮孝芳. 2007. 分布式水文模型构建理论与方法述评[J]. 水科学进展, 18(2): 286-292.
张文华. 1990. 实用暴雨洪水预报理论与方法[M]. 北京: 水利电力出版社.
赵人俊. 1984. 流域水文模拟: 新安江模型与陕北模型[M]. 北京: 水利电力出版社.
赵人俊, 王佩兰. 1988. 新安江模型参数的分析[J]. 水文, 8(6): 2-9.
赵人俊, 庄一鸰. 1963. 降雨径流关系的区域规律[J]. 华东水利学院学报: 水文分册, (S2): 53-68.
郑红星, 王中根, 刘昌明, 等. 2004. 基于 GIS/RS 的流域水文过程分布式模拟——II 模型的校验与应用[J]. 水科学进展, 15(4): 506-510.
中共中央国务院. 2011. 中共中央　国务院关于加快水利改革发展的决定[Z]. 2010-12-31.
庄一瓴, 林三益. 1986. 水文预报[M]. 北京: 水利电力出版社.
Abbott M B, Refsgaard J C. 2003. 分布式水文模型[M]. 郝芳华, 王玲, 等译. 郑州: 黄河水利出版社.
Abbaspour K C, Yang J, Maximov I, et al. 2007. Modelling hydrology and water quality in the pre-alpine/alpine Thur watershed using SWAT[J]. Journal of Hydrology, 333(2): 413-430.
Abbott M B, Bathurst J C, Cunge J A, et al. 1986a. An introduction to the European Hydrological System—Systeme Hydrologique European, "SHE", 2: Structure of a physically-based, distributed modelling system[J]. Journal of Hydrology, 87(1): 61-77.
Abbott M B, Bathurst J C, Cunge J A. et al. 1986b. An introduction to the European Hydrological System—Systeme Hydrologique European, "SHE", 1: History and philosophy of a physically-based, distributed modelling system[J]. Journal of Hydrology, 87(1-2): 45-59.
Bergstrom S. 1991. Chapter 13: The HBV model[M]// Computer Model of Watershed Hydrology.

Singh V P. Water Resources Publications, Littleton, Colo.

Betson R P. 1964. What is watershed runoff?[J] Journal of Geophysical Research Atmospheres, 69(8): 1541-1552.

Beven K J. 1995. Linking parameters across scales: Subgrid parameterizations and scale dependent hydrological models, in Scale Issues in Hydrological Modeling[M]. New York: Wiley: 263-282.

Beven K J. 2000. Rainfall-Runoff Modelling: the Primer[M]. Chichester: John Wiley and Sons, Ltd.

Beven K J. 2002. Towards an alternative blueprint for a physically based digitally simulated hydrologic response modeling system[J]. Hydrological Processes, 16(2): 189-206.

Beven K J, Kirkby M J. 1979. A physically based, variable contributing area model of basin hydrology/un modèle à base physique de zone d'appel variable de l' hydrologie du bassin versant[J]. Hydrological Sciences Journal, 24(1): 43-69.

Beven K, Lamb R, Quinn P, et al. 1995. TOPMODEL[J]. Computer Models of Watershed Hydrology: 627-668.

Beverly C R. 1992. Background Notes on the CSIRO TOPOG Model: Details of the Numerical Solution of the Richards Equation in TOPOG-yield[M]. CSIRO, Institute of Natural Resources and Environment, Division of Water Resources.

Burnash R J. 1995. Chapter 10: The NWS river forecast system-catchment modeling// Computer Models of Watershed Hydrology[M]. Singh V P. Water Resources Publications, Littleton Colo.

Calver A, Wood W L, Singh V P. 1995. The Institute of Hydrology Distributed Model[M]. Colorado: Water Resources Publications.

Carpenter T M, Georgakakos K P. 2004. Impacts of parametric and radar rainfall uncertainty on the ensemble streamflow simulations of a distributed hydrologic model[J]. Journal of Hydrology, 298(1): 202-221.

Crawford N H, Linsley R E. 1966. Digital Simulation in Hydrology: Stanford Watershed Model Ⅳ [M]. Stanford: Department of Civil and Environmental Engineering, Stanford University, 39.

Dahlke H E, Easton Z M, Fuka D R, et al. 2009. Modelling variable source area dynamics in a CEAP watershed[J]. Ecohydrology, 2(3): 337-349.

Dawdy D R, Schaake J C, Alley W M. 1978. Users' guide for distributed routing rainfall-runoff model[R]. USGS Water Resources Invest. Rep. No. 78-90, Gulf Coast Hydroscience Center, NSTL, Miss.

Derrode S, Mercier G. 2007. Unsupervised multiscale oil slick segmentation from SAR images using a vector HMC model[J]. Pattern Recognition, 40(3): 1135-1147.

Duan Q, Sorooshian S, Gupta V. 1992. Effective and efficient global optimization for conceptual rainfall - runoff models[J]. Water Resources Research, 28(4): 1015-1031.

Dunne T, Black R D. 1970. Partial area contributions to storm runoff in a small New England Watershed[J]. Water Resources Research, 6(5): 1296-1311.

Finnerty B D, Smith M B, Seo D J, et al. 1997. Space-time scale sensitivity of the Sacramento model to radar-gage precipitation inputs[J]. Journal of Hydrology, 203(1): 21-38.

Fortin J P, Turcotte R, Massicotte S, et al. 2001. Distributed watershed model compatible with remote sensing and GIS data. I: Description of model[J]. Journal of Hydrologic Engineering, 6(2): 91-99.

Franchini M, Wendling J, Obled C, et al. 1996. Physical interpretation and sensitivity analysis of the TOPMODEL[J]. Journal of Hydrology, 175(1): 293-338.

Freeze R A, Harlan R I. 1969. Blueprint for a physical-based digitally-simulated hydrological response mode[J]. Journal of Hydrology, 122(3): 122-128.

Gan T Y, Dlamini E M, Biftu G F. 1997. Effects of model complexity and structure, data quality, and objective functions on hydrologic modeling[J]. Journal of Hydrology, 192(1): 81-103.

Garrote I, Bras R L. 1995. A distributed model for real-time flood forecasting using digital elevation models[J]. Journal of Hydrology, 167: 279-306.

Grabs T, Seibert J, Bishop K, et al. 2009. Modeling spatial patterns of saturated areas: a comparison of the topographic wetness index and a dynamic distributed model[J]. Journal of Hydrology, 373(1–2): 15-23.

Hewlett J D, Hibbert A R. 1967. Factors affecting the response of small watersheds to precipitation in humid areas[J]//Sopper W E, Lull H W. Forest Hydrology. Oxford: Pergamon: 275-290.

Horton R E. 1935. Surface Runoff Phenomena[R]. New York: Horton Hydrology Laboratory.

Horton R E. 1939. Analysis of runoff-plot experiments with varying infiltration-capacity[J]. Transactions American Geophysical Union, 20(4): 693-711.

Hydrologic Engineering Center (HEC). 2000. Hydrologic modeling system HEC-HMS users' manual, Version 2[R]. Engineering, U. S. Army Corps of Engineering. Davis Calif.

Ivanov V Y, Vivoni E R, Bras R L, et al. 2004. Catchment hydrologic response with a fully distributed triangulated irregular network model[J]. Water Resources Research, 40(40): 591-612.

Kang W, Liang G. 1986. The Total Linear Response model (TLR) and the Linear Perturbation Model(LPM)[J]. Journal of Hydraulic Engineering, 6.

Kim S J, Steenhuis T S. 2001. GRISTORM: Grid-based variable source area storm runoff model[J]. Am. Soc. Agric. Eng., 44(4): 863-875.

Koren V, Reed S, Smith M, et al. 2004. Hydrology laboratory research modeling system(HL-RMS)of the US national weather service[J]. Journal of Hydrology, 291(3): 297-318.

Kouwen N. 2000. WATFLOOD/SPL: Hydrological model and flood forecasting system[R]. Department of Civil Engineering, University of Waterloo, Canada: Waterloo, Ont.

Lee K T, Huang J K. 2013. Runoff simulation considering time-varying partial contributing area based on current precipitation index[J]. Journal of Hydrology, 486(486): 443-454.

Liang X, Wood E F, Lettenmaier D P. 1996. Surface soil moisture parameterization of the VIC-2L model: Evaluation and modification[J]. Global and Planetary Change, 13(1): 195-206.

Makis V, Wu J, Gao Y. 2006. An application of DPCA to oil data for CBM modeling[J]. European Journal of Operational Research, 174(1): 112-123.

McCuen R H. 1982. A guide to hydrologic analysis using SCS methods//A Guide to Hydrologic Analysis Using Scs Methods, 7(5): 192.

Misra A, Hirth J P, Hoagland R G. 2005. Length-scale-dependent deformation mechanisms in

incoherent metallic multilayered composites[J]. Acta Materialia, 53(18): 4817-4824.
Musgrave G W, Horton H N. 1964. Infiltration//Chow V T. Handbook of Applied Hydrology. New York: McGraw-Hill.
Neitsch S L, Arnold J G, Kiniry J R, et al. 2011. Soil and water assessment tool theoretical documentation version 2009[R]. Texas Water Resources Institute.
Němec J. 1986. Design and operation of forecasting operational real-time hydrological systems(FORTH)[M]//River Flow Modelling and Forecasting. Springer Netherlands: 299-327.
Quick M C. 1995. Chapter 8: The UBC Watershed Model[M]//Singh V P. Computer Model of Watershed Hydrology. Water Resources Publications, Littleton, Colo.
Ragan R M. 1968. An experimental investigation of partial area contributions//Hydrological Aspects of the Utilization of Water, vol. II, Proceedings of the General Assembly of Bern, IAHS Publication No. 76. International Association of Hydrological Sciences(IAHS): Oxford: 241-249.
Refshaard J C, Storm B, Singh V P. 1995. MIKE SHE[J]. Computer Models of Watershed Hydrology, 809-846.
Schneiderman E M, Steenhuis T S, Thongs D J, et al. 2010. Incorporating variable source area hydrology into a curve-number-based watershed model[J]. Hydrological Processes, 21(25): 3420-3430.
Singh V P, Woolhiser D A. 2002. Mathematical modeling of watershed hydrology[J]. Journal of Hydrologic Engineering, 7(4): 270-292.
Sittner W T. 1976. WMO project on intercomparison of conceptual models used in hydrological forecasting[J]. Hydrological Sciences Journal, 21(1): 203-213.
Speers D D, Singh V P. 1995. SSARR model[J]. Computer Models of Watershed Hydrology: 367-394.
Storck P, Bowling L, Wetherbee P, et al. 1998. Application of a GIS-based distributed hydrology model for prediction of forest harvest effects on peak stream flow in the Pacific Northwest[J]. Hydrological Processes, 12(6): 889-904.
Sugawara M. 1995. Tank model[J]. Computer Models of Watershed Hydrology: 165-214.
Sugawara M, Watanabe I, Ozaki E, et al. 1961. Tank Model Programs for Personal Computer and the Way to Use[M]. Japan: National Research Center for Disaster Prevention: 5-21.
Sugawara M, Watanabe I, Ozaki E, et al. 1986. Tank model programs for personal computer and the way to use[J]. National Research Center for Disaster Prevention, Tsukuba.
Thompson J R. 2012. Modelling the impacts of climate change on upland catchments in southwest Scotland using MIKE SHE and the UKCP09 probabilistic projections[J]. Hydrology Research, 43(4): 507-530.
Todini E. 1995. New trends in modeling soil processes from hillslope to GCM scales[R]//Oliver H R, Oliver S A. The Role of Water and Hydrological Cycle in Global Change. NATO Advanced Study Institute, Series 1: Global, Kluwer Academic, Dordrecht, The Netherlands.
Todini E. 1996. The ARNO rainfall-runoff model[J]. Journal of Hydrology, 175: 339-382.
Troch P A, Dijksma R, Van Lanen H A J, et al. 2007. Towards improved observations and modelling

of catchment-scale hydrological processes: bridging the gap between local knowledge and the global problem of ungauged catchments[J]. Predictions in Ungauged Basins: PUB Kick-off, IAHS Publ, 309: 173-185.

Troch P A, Paniconi C, Loon E E V. 2003. Hillslope-storage Boussinesq model for subsurface flow and variable source areas along complex hillslopes: 1. Formulation and characteristic response[J]. Water Resources Research, 39(11): 177-177.

Troch P, van Loon E, Hilberts A. 2002. Analytical solutions to a hillslope-storage kinematic wave equation for subsurface flow[J]. Advances in Water Resources, 25(6): 637-649.

Uhlenbrook S. 2004. Hydrological process representation at the meso-scale: the potential of a distributed conceptual catchment model[J]. Journal of Hydrology, 291: 278-296.

Vieux B E. 2001. Distributed Hydrologic Modeling Using GIS[M]. Springer Netherlands.

Vrugt J A, Gupta H V, Dekker S C, et al. 2006. Application of stochastic parameter optimization to the Sacramento soil moisture accounting model[J]. Journal of Hydrology, 325(1): 288-307.

Wood A W, Leung L R, Sridhar V, et al. 2004. Hydrologic implications of dynamical and statistical approaches to downscaling climate model outputs[J]. Climatic Change, 62(1-3): 189-216.

Woolhiser D A. 1996. Search for physically based runoff model-A hydrologic El Dorado? [J]. Journal of Hydraulic Engineering, 122(3): 122-129.

Xia J. 1995. Real-time Rainfall-runoff Forecasting by Time Variant Gain Models and Updating Approaches[M]. Research Report of the 6th International Workshop on River Flow Forecasting. UCG, Ireland .

Xia J, Wang G, Tan G, et al, 2005. Development of distributed time-variant gain model for nonlinear hydrological systems[J]. Science in China Series D: Earth Sciences, 48(6): 713-723.

Yang D W. 1998. Distributed hydrological model using hillslope discretization based on catchment area function: development and application [D]. Tokyo: University of Tokyo.

Yang D W, Herath S, Musiake K. 2002. A hillslope-based hydrological model using catchment area and width functions[J]. Hydrological Sciences Journal, 47(1): 49-65.

Yao C, Li Z, Bao H, et al. 2009. Application of a developed Grid-Xinanjiang model to Chinese watersheds for flood forecasting purpose[J]. Journal of Hydrologic Engineering, 14(9): 923-934.

Zhang R, Chen G, Huang S. 2008a. Multiphase mixture flow model and numerical simulation for leak of LPG underground storage tank (Ⅰ) Model development [J]. Journal of Chemical Industry and Engineering(China), 9: 3.

Zhang R, Chen G, Huang S. 2008b. Multiphase mixture flow model and numerical simulation for leak of LPG underground storage tank (Ⅱ) Numerical simulation and validation[J]. Journal of Chemical Industry and Engineering(China), 9: 4.

Zhao R J, Zhang Y L, Fang L R, et al. 1980. The Xinanjiang model[J]//Hydrological Forecasting Proceedings Oxford Symposium, IASH 129: 351-356.

第2章　半湿润半干旱区产汇流特征

半湿润半干旱区独特的气候和下垫面条件，决定了该区域特有的产流和汇流特征。本章从基本产流机制和包气带结构分析出发，阐述半湿润半干旱区的产流及汇流特征。

2.1　产 流 机 制

2.1.1 霍顿产流理论

降雨初期，一部分雨滴降落在植物枝叶上，被植物枝叶表面截留，达到最大截留量后，降雨开始落至地面。在无植被覆盖或植被覆盖很差的区域，雨滴直接落至地面。植被截留过程贯穿整个降雨过程，截留的水量最终消耗于蒸发。

流域上存在池塘、小沟、地面洼陷等闭合的下凹地形。在降雨过程中，一部分水被此类洼陷地形拦蓄，此部分水量称为填洼量。雨强超过洼地下渗能力后，超过下渗能力的那部分雨水便开始在洼地蓄积，直到达到最大拦蓄容量，之后便会产生洼地出流。被洼地拦蓄的这部分水量，对流域径流无直接贡献，最终以下渗和蒸散发的形式消耗。

落到地面的雨滴，在包气带表面被重新分配。包气带表面发挥“筛子”的作用，雨强大于包气带表面下渗容量时，那么超过下渗容量的部分将被拒在外面，形成地面净雨，暂留在地面，参与地表径流。雨强小于下渗容量时，降雨进入包气带，随着降雨的不断增加，包气带土壤含水量不断增加，从而影响下渗容量，使下渗容量不断减小，直到达到稳定下渗率。归结起来，包气带表面总是把接收到的降雨分配为两个部分，一部分渗入包气带补给土壤含水量，另一部分暂留地面形成地面径流。

进入包气带的那部分雨量，一部分被包气带土壤吸收，另一部分以蒸散发(E)形式返回大气。随着降水补给的不断深入，土壤含水量不断增加，直到土壤含水量达到田间持水量。超过田间持水量后，超过的水量将在重力的作用下自由排出，即生成自由重力水。可以概括为，进入包气带的水量分成了三个部分，一部分满足土壤缺水量，一部分用于蒸散发，一部分生成自由重力水，即

$$I = E + \left(W_f - W_0\right) + R_{\text{sub}} \tag{2.1}$$

式中，I 为进入土中的下渗水量；E 为蒸发量；W_f 为包气带达到田间持水量时的土壤含水量；W_0 为包气带初始土壤含水量；R_{sub} 为从包气带中排出的自由重力水。由上式可知，是否产生自由重力水 R_{sub}，取决于包气带土层缺水量，即取决于田间持水量，只有满足田间持水量后，方可产生自由重力水。因此，在水文上包气带土层对下渗水量的再分配作用常被形象地比喻为"门槛"作用。

2.1.2　非均质土壤产流理论

1）壤中流产流

霍顿（Horton）在 1935 年指出了降雨产流的两个基本条件（Horton，1935），即雨强超过下渗容量和土壤含水量超过田间持水量。霍顿产流理论虽正确地阐述了产流的物理条件，但该理论是建立在均质土壤的基础上的，认为超渗产流产生的物理条件是雨强大于地面下渗容量，地下水径流产生的物理条件是整个包气带土壤含水量达到田间持水量。然而，在自然界中，几乎不存在完全均质的土壤，包气带的岩土结构多为非均质的，导致产流机制较均质的更加复杂。可以将非均质土壤概化为两种基本结构进行产流机制的分析（芮孝芳，2004）：

第一，层次包气带的情况。假设包气带由上下两层不同质地的土壤组成，上层质地较粗（用 A 表示），下层质地较细（用 B 表示）。降雨后，显然上层土壤的稳渗率 f_{cA} 大于下层的稳渗率 f_{cB}，于是便产生了下渗差。当 A 层达到田间持水量后，f_{cA} 便成为 AB 界面上供水强度的上限。对于 B 层而言，其供水强度最大值即为 f_{cA}，下渗容量即为 f_{cB}。此后，如果 $f_{cB} < i < f_{cA}$，则必有 $i - f_{cB}$ 的水量在单位时段内无法下渗而积聚在交界面上，形成临时饱和带。如果 $i > f_{cA}$，那么将有 $f_{cA} - f_{cB}$ 的水量积聚。这些在交接面上临时饱和带产生的水量在达到一定势能的条件下侧向流动而补给河道。这种在不同透水性土壤的交接面上形成的，并在适当条件下发生侧向流动的径流即为壤中水径流。因此，壤中水径流产流的基本物理条件是包气带存在相对不透水层，且上层质地粗于下层质地；上层土壤含水量需达到田间持水量。

第二，包气带土壤质地随深度渐变的情况。此情况下，稳定下渗率随深度逐渐变小。在某时刻，倘若包气带中某一深度 z_j 的土层达到田间持水量，该深度对应的稳渗率为 f_{cj}。此时，如果雨强一直维持在 f_{cj}，那么在 z_j 深度处将会逐渐形成临时饱和水，产生壤中水径流。而且，形成壤中水径流的界面并非固定不变，而是随雨强变化而变化。雨强越大，产流界面越浅。归结为一句话，包气带土壤质地随深度渐变的情况下，达到田间持水量的深度处将会逐渐产生壤中流，产流界面随雨强发生变化。

以上两种非均质土壤中的壤中流产流理论是对霍顿经典产流理论的补充。因此，流域中不仅存在超渗地面径流和地下径流，还存在由于相对不透水层而产生的壤中流。惠普基（Whipkey）于 1965 年正式验证了壤中流的存在和理论的正确性。其在美国俄亥俄州东部森林地区的径流场（长 17m，宽 2.44m，坡度为 28°）进行了径流观测实验。将包气带按照不同土壤质地设置为五层，每一层安置一个径流槽，接收侧向流动产生的壤中流，如图 2.1 所示。在实验中，设置了干旱和湿润两种情景进行降雨观测，发现无论哪种情况，都明显存在壤中流。

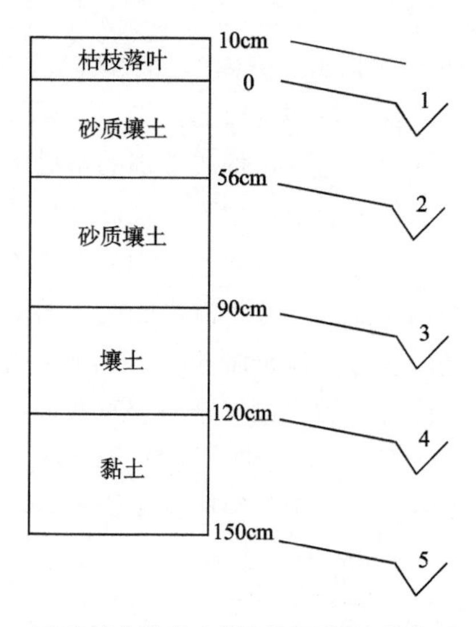

图 2.1　惠普基实验的土壤剖面及测流槽位置示意图

2）饱和地面径流

20 世纪 70 年代初，邓恩（Dunne）等在大量观测和实验的基础上证实了地面径流产生的另一种机制——饱和机制（Dunne and Black，1970）。在表层土壤具有很强透水性的情况下，雨强几乎不可能超过下渗容量，但因为该层以下是相对不透水层，雨强超过相对不透水层的下渗容量是可能的，因此会产生壤中流。随着降雨的持续，临时饱和带不断上升直至超出地面，形成地面径流。因此可知，饱和地面径流产生的条件是存在相对不透水层，且上下层透水性相差很大（上层很强，下层很弱）；上层土壤含水量达到饱和含水量。1965 年 9 月 24 日美国北卡罗来纳州1号小流域实测的暴雨径流资料证实了饱和地面径流的存在。

饱和地面径流与超渗产流的异同点分析：通过分析可知，饱和地面径流产流的根本物理条件同样是下渗率的差异，即上层的下渗率超过了下层的下渗率，从而产生临时饱和带。超渗产流的发生是空气界面和表层土壤的下渗率差异造成的。饱和地面径流最大的特点是存在透水性很强且很薄的表面，对降雨起不到“筛子”作用，筛子作用由位于其下层的土壤承担。饱和地面径流的产流强度（r_{sat}）可以由下式计算：

$$r_{\text{sat}} = i - \left(r_{\text{int}} + f_{\text{pB}}\right) \tag{2.2}$$

式中，r_{int}为壤中流强度；f_{pB}为相对不透水层界面上的下渗容量；i为雨强。

2.1.3　特殊下垫面产流

对于不透水基岩出露地面、河湖沼泽表面、城市硬化铺装陆面、房顶等，均可认为其包气带厚度等于零或无包气带，下渗容量为零。只要雨强大于蒸发，即有净雨产生，就会产流。

2.1.4　产流机制的相互转化和共性分析

分析超渗地面径流（有包气带和无包气带）、壤中流、地下水径流和饱和地面径流的产流机制可知，任何一种径流均是在两种具有不同透水率的界面上产生的（表2.1），且上层介质的透水性强于下层介质的透水性，即产生的根本物理条件均是界面上下的正差异，如果上层介质透水性小于下层，则在界面上不产生任何径流成分。

表2.1　不同产流成分的产流物理条件

产流成分	产流界面	下渗率差异
超渗地面径流	空气-包气带表面	雨强大于包气带表面下渗容量
壤中流	包气带分层土壤界面	上层下渗率大于下层下渗率
地下水径流	土壤和地下饱和含水层（或基岩）的交界面	土壤下渗率大于饱和含水层下渗率
饱和地面径流	强透水地表和下层弱透水界面	地表下渗率大于下层下渗率

通过分析上述产流成分的产流物理条件可知，如果将界面作为下渗面，那么产流量的大小取决于该面所接收的供水强度和下渗容量的差异或对比关系（芮孝芳，2004）。因此，从这个意义上来说，任何径流成分均由“超渗”作用形成。如果从交界面以上土层的水量平衡方程来分析，任何径流成分均由“门槛”作用形成，

或是因为达到“蓄满”（交界面相对蓄满）而形成（芮孝芳，2004），公式如下：

$$I = E + (W_e - W_0) + F + R \tag{2.3}$$

式中，I 为交界面承受的供水量，交界面为地面时为降雨量；E 为界面上的蒸散发量；F 为通过界面进入下层介质的下渗量；R 为积聚在交界面上的自由水；$W_e - W_0$ 为交界面以上介质在时段内的含水量变化量，界面为地面时该项为 0。所以，从界面以上土层的水量平衡方程式分析，任何径流成分的产生均由“门槛”作用形成。因此，从广义上来说，任何径流成分的产生都是“超渗”，也都是“蓄满”。

自然界中，由于包气带结构的复杂性和降雨的变异性，很少存在单一的产流机制的情况，一般存在多种产流类型，即总径流由不同成分的不同组合构成。水文模型里常说的“超渗产流”和“蓄满产流”模式，是针对不同的气候和下垫面类型而概化出的基本产流模式。例如，在湿润区，利用蓄满产流模式进行计算，并不是说该类型区域不存在其他产流机制，而是因为“门槛”作用占据主导，可以概化为用蓄满产流模式计算而已。实践证明，这种概化为单一产流模式的水文模型能够较为准确地计算产流量。对于干旱区而言，包气带缺水量极大，降水往往无法使包气带含水量达到田间持水量，产流成分主要为超渗地面径流，因此，往往归结为超渗产流模式进行计算，如陕北模型（赵人俊，1984）。

但是对于半湿润半干旱区，由于存在多种产流组分（超渗地面径流、相对不透水层的壤中流、地下水径流、饱和地面径流），利用单一的产流模式进行计算往往造成不小的计算误差。因此，对于这样的区域，应该根据实际情况，建立尽量符合下垫面特性和产流机制的模型。

2.2 半湿润半干旱区产流特征

2.2.1 包气带特征分析

2.2.1.1 包气带概述

如前文所述，包气带结构和特性对于产流计算起着决定性的作用。因此，有必要对包气带特征进行分析，从而指导如何选择和建立产流计算方法。在垂直方向上，地下水面把下垫面分成了两个不同的含水带。地下水面以下，土壤处于饱和含水量状态，是土壤颗粒和水分组成的二相系统，称为饱和带或饱水带。地下水面以上，土壤含水量未达到饱和，是土壤颗粒、水分和空气同时存在的三相系统，称为包气带或者非饱和带（芮孝芳，2004）。包气带或非饱和带是气态和液态水运动最为复杂的区域，同时也是土壤水分剧烈变化的区域。在包气带中，接近地下水面的部分存在毛管上升水，称为毛管上升带；接近地面处存在毛管悬着水，称为毛管悬着水带；两者之间为中间带。

2.2.1.2　包气带土壤形成及结构

土壤及土壤剖面是在母质、温度、降水、生物和地形等成土因素长时间共同作用下形成的，成土因素通过影响土壤过程的方向、速率和强度决定土壤的形态和属性。Simonson（1959）将土壤的形成过程概括为四个基本过程：输入、输出、迁移和转化。本质上，内生的能量因素和表生的能量因素是影响土壤形成过程的驱动力（Blum, 2001）。大多数土壤性质的变化均由母岩矿物的差异造成，这是"内生能量"的一种表现。大量研究发现，土壤的物理和矿化学特征，由母质岩石的岩性决定。例如，发育于石英砂岩或风化花岗岩的土壤一般是砂质的，很少有原生的黏土，此种土壤通常透水性强，肥力较低。表生能量（水、温度和生物）在太阳和地球重力场的作用下，作用于土壤（龚子同, 2014）。例如，降雨在重力作用下，向土壤提供水分，在土壤剖面内水分因为重力可以垂直下渗或者侧向流动。

成土过程中，溶提作用和沉积作用共同发挥效应，使土壤形成了不同层次，如图 2.2 所示（芮孝芳，2004）。溶提作用指土壤中渗透水从上层溶解或携带悬浮

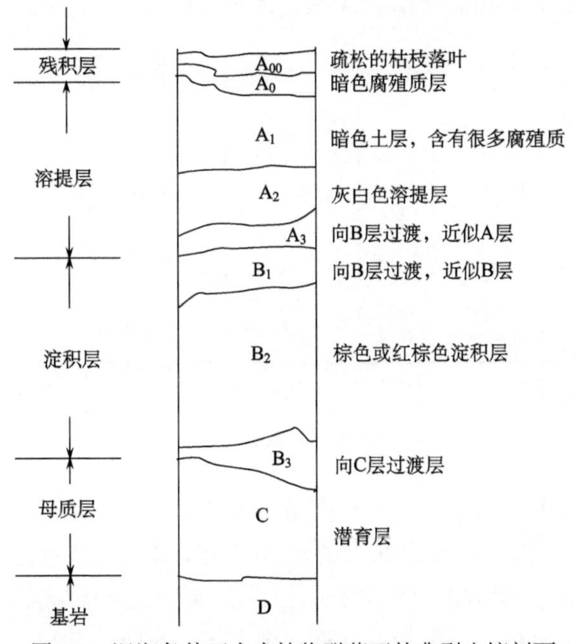

图 2.2　湿润条件下木本植物群落下的典型土壤剖面

成分从上而下的作用，导致颗粒较粗、孔隙较大。图 2.2 中 A 层，为土壤剖面的上面。在 A 层上面，往往覆盖着由于生物体作用而形成的残积层。沉积作用指渗漏水在下层沉淀中溶解或悬浮的物质的作用，其导致颗粒较细、孔隙较小。淀积层为图 2.2 中的 B 层，是土壤剖面的第二层。B 层以下为未受溶提和沉积作用的母质层，称为 C 层。A 层和 B 层组成包气带的土壤体，由于土壤形状的差异，A 层和 B 层的每一层又分为若干层。

对于干旱地区，例如，我国黄土高原地区，由于降水稀少，土壤剖面的形成过程可能与上述过程不同。根据观测分析，我国黄土高原地区不同深度的土壤颗粒级配大体相同，即上下较为均匀（芮孝芳，2004）。

《中国土壤地理》（龚子同，2014）中对包气带土壤形成具有相似的描述。图 2.3 为土壤个体阶段性发育示意图。母质为风化不彻底的基岩，在风化作用下，被植物着生，开始出现有机质积累过程并逐渐发育出 A 层，此阶段为幼年土壤阶段，主要成土过程为有机质积累、分解及矿物变质过程；随着成土过程的进行，土壤开始形成次生黏土矿物并逐步发育出以黏粒淀积为主的黏化层（Bt），此时土壤进入成年阶段；在湿润条件下，土壤剖面中的下行水流对土壤产生淋溶作用，逐渐生成淋溶层（E），而这个阶段 Bt 层实质上已经发育成以相关物质（包括黏粒）淋溶淀积为主的淀积层（B），土壤进入老年阶段。

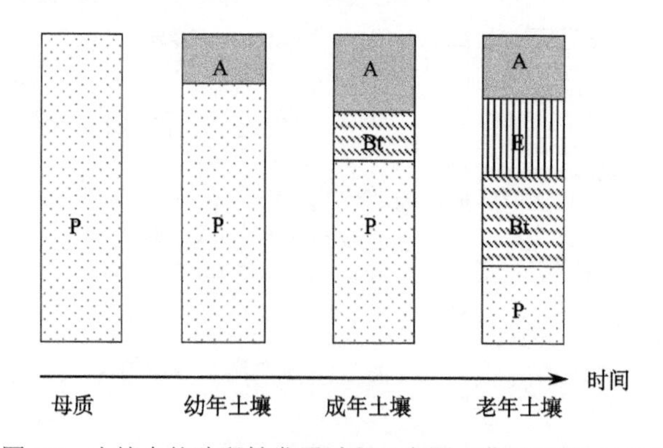

图 2.3　土壤个体阶段性发展过程示意图（龚子同等, 2007）

地球表面土壤形成的平均速率约为 0.056mm/a，形成 1m 厚的土壤约需近万年（美国明尼苏达州黄土母质上的土壤为 8000 年，非洲赤道地区风化基岩上的土壤为 7500 年）。成土母质越松散、渗透性越高，成土速率越高。一般来说，温暖湿润的气候、森林植被、松散母质、良好排水条件的地形有利于土壤快速发育。干冷的气候、草原植被、高石灰含量且通透性差、紧实的母质及陡峭的地形等不利于土壤发育。

综上分析可知，一般情况下，包气带土壤主要包括残积层、淋溶层（溶提层）、淀积层。土壤孔隙从上到下大致为从粗到细变化。在淋溶层和淀积层内，又会存在多种因土壤质地、结构和色泽等方面存在差异而形成的不同土层。

以半湿润半干旱区的海河流域为例，按发生学的分类十纲（全国土壤普查办公室，1993，12 个土纲，29 个亚纲）：海河流域主要有淋溶土、半淋溶土、半水成土、水成土、钙层土、盐碱土、初育土。主要土壤类型为褐土、绵土、潮土、棕壤、栗钙土、沼泽土、盐土和风沙土。高原区主要为钙栗土和部分黄绵土；燕山及太行山北段主要为棕壤和褐土，河谷阶地有部分黄垆土（褐土类）；太行山中、南段主要为褐土，海拔 1000m 以上有棕壤分布，盆地有部分黄垆土；山前洪积、坡积平原主要为黄垆土，冲积平原多为潮土，滨海平原多为滨海盐土和沼泽海滨盐土；流域最北部的内蒙古高原区多为风沙土。按照土壤诊断的系统分类土纲，海河流域土壤所属的土纲主要有淋溶土（干润淋溶土、湿润淋溶土）、雏形土（潮湿雏形土）和小部分盐成土。

淋溶土的土壤剖面结构如图 2.4 所示，B 层与 A 层黏粒含量之比为 1.2，从上到下黏粒含量随深度增加，通透性减小。雏形土的土壤剖面结构如图 2.4 所示。雏形土无物质沉积或基本无物质淀积，未发生明显黏化，且具有土壤结构的 B 层，具有极细砂、壤质细砂或更细的质地。土壤结构发育至少占土层体积的 50%，保持岩石或沉积物构造的体积<50%，主要分布在地形平坦的河谷平原区、河流两侧

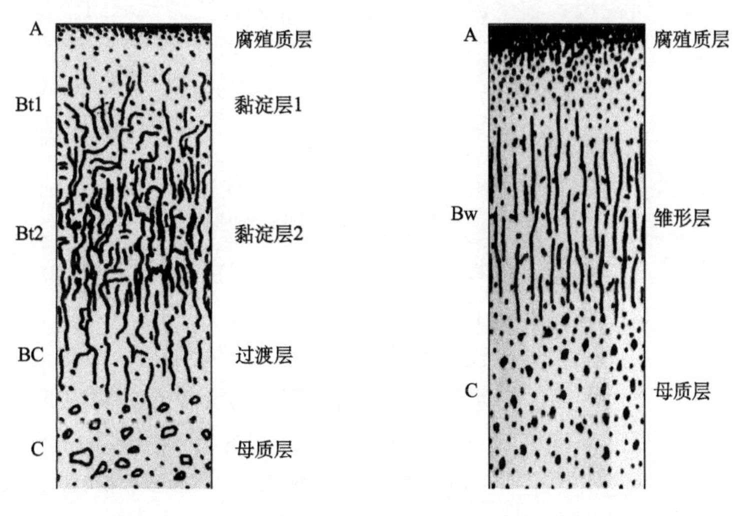

图 2.4　淋溶土（左）和雏形土（右）剖面示意图（龚子同等, 2007）

的阶地及滨湖低地和山间谷地等。成土母质主要为近代河流冲击物或洪积、冲击物及滨海沉积物等。由于河流沉积物受上游地面物质属性的影响，且沉积过程受水力分选作用的支配，形成的土壤在水平面上具有区域性的差异，在垂直切面上则是不同质地的土壤交错排列。

包气带土壤在垂直方向上表现为大分层（溶提层 A 和淀积层 B）的一致性，但因各种因素（河流、人类耕作等）的作用，各地的土壤类型及土壤小分层特征（溶提层、淀积层内部的亚层）出现较大的空间异质性，表现在垂向和横向两个方向，因此势必导致包气带在渗透性（下渗容量、饱和水力传导度、非饱和水力传导度、稳定下渗率）、蓄水性（蓄水容量、包气带缺水量）等各方面的横向和垂向上的差异性，从而影响流域产流过程和洪水过程。

2.2.2　半湿润半干旱区产流分析

在自然界中，产流机制是一样的，即超渗产流、相对不透水界面产流、蓄满产流和饱和产流机制，相应的径流组分包括超渗地面径流、壤中水径流、地下水径流和饱和地面径流。但是，对于不同的气候分区和下垫面条件，会出现不同的产流特征或径流成分组合。例如，南方湿润区域，由于包气带缺水量较小，降雨过程往往能够使包气带蓄满，利用蓄满产流模式能较为准确地计算产流量；对于黄土高原干旱区，包气带极厚，降雨往往不能使包气带土壤蓄满，径流主要为超渗地面径流，因此可以采用超渗产流模式来计算。但对于半湿润半干旱区而言，往往存在超渗地面径流、壤中流、地下水径流等多种径流组分组合出现的情况，不像湿润区和干旱区那般以某种产流机制为主导。因此，产流过程往往较为复杂，单一的产流模式往往不能准确计算产流量。本节讨论半湿润半干旱区的产流特征。

对于半湿润半干旱区而言，其包气带较厚，一场或几场降雨很难使其蓄满，有的地方甚至整个雨季的降水都无法蓄满包气带。在该类地区，降雨往往发生在雨季，一般发生短历时强降雨，也会在雨季出现连续降雨（一般仅为几天）。对于一般半湿润地区，前期土湿如果较大，在较多的降雨情况下（雨强不大），流域部分区域包气带将蓄满而产生地下径流，从而出现壤中流和地下径流较多的洪水过程，如果雨强较大，还将产生较多的超渗地面径流。如果前期土湿较小，短历时暴雨难以使包气带达到田间持水量，径流则以超渗地面径流和壤中流为主。因此，洪水过程线往往呈现陡涨缓落、陡涨陡落、缓涨缓落等多种特点。而对于半干旱地区和特殊半湿润地区（地下水位下降严重导致包气带增厚的区域），包气带难以蓄满，径流以超渗地面径流和壤中流为主，洪水过程线往往呈现尖瘦型、陡涨陡落的特点。

综上所述，对于半湿润半干旱地区，径流成分主要包括超渗地面径流和壤中水径流，包气带缺水量不大的区域还存在地下水径流，而包气带缺水量极大的区域地下水径流较少。

2.2.3　半湿润半干旱区产流及计算的复杂性

半湿润半干旱地区产流及其计算的复杂性可以归结为两方面的原因：

（1）径流组分组合的复杂性。干旱地区可以仅计算超渗地面径流，采用超渗产流模式即可。湿润地区虽然也存在超渗地面径流项，但由于其包气带在短时间内便可蓄满，将整个过程概化为蓄满产流模式计算后再分水源计算，能够得到较好的计算结果。但在半湿润和半干旱区域，却不像干旱区那样因超渗地面径流占据很大比例而忽略其他组分，也不像湿润地区那般可以将整个过程概括为一个模式。半湿润半干旱区域的降水和洪水主要发生在雨季，往往具有雨强大和历时短的特点，易产生超渗地面径流。同时，由于相对不透水层的存在，还存在壤中水径流，部分缺水量不大的区域还会产生地下水径流，如果不同时考虑各种组分的产流机制，仅概化为蓄满或者超渗产流模式，会带来很多误差。

（2）地表以下径流组分的不确定性。由于包气带较厚，且包气带在垂直方向上异质性较大，因此包气带土壤在垂直方向上广泛存在分层的特征，导致多个相对不透水层的出现，从而形成壤中水径流，且其分量不容忽视。但是，这种界面流并不是在包气带蓄满的情况下产生的，因此无法使用蓄满产流模式来判别界面流或壤中流的产生。包气带内“非蓄满，却产流”的现象至今缺乏合理理论和有效方法对其进行描述，具体在哪个层次（深度）发生界面流、产生多少壤中流，存在较大不确定性，难以量化表达。不能像“蓄满产流”模式那样设定一个阈值（蓄水容量），达到即产流，否则不产流。此外，一场洪水过程是否产生地下径流、产生多少地下径流，也存在较大不确定性，因为不能确定包气带的缺水量究竟有多大。

由此可知，半湿润半干旱地区的产流过程较干旱地区和湿润地区更为复杂，包气带非蓄满条件下的界面流产流尚缺乏有效计算方法，现有的单一的产流模式不能描述半湿润半干旱区的产流特征。在我国应用广泛的新安江模型在此类区域的计算效果不好，以陕北模型为代表的干旱地区水文模型在此类地区的适用性也差强人意，因为其忽略了地表以下的径流成分。

2.3 半湿润半干旱区汇流特征

2.3.1 流域汇流理论

按照流域调蓄作用和模拟结构的差异，通常将汇流过程划分为坡地汇流和河网汇流两个基本部分。降落在坡地上的雨水，一般从两条不同路径汇集到流域出口断面，一条路径是沿着坡地地面汇入附近的河流，然后汇入更高级河流直到断面；另一条路径是下渗到坡地地面以下，满足一定条件后，在土层中运动汇集到流域出口断面。雨水降落在坡面上，扣除损失和下渗后，往往形成坡地地面径流（地面径流），下渗的水量往往形成地下径流（壤中和地下径流），经过坡地调蓄后向河槽汇注，此过程为坡地汇流阶段。降落在河道或河槽里的雨水，直接通过河网汇集到流域出口断面。从坡地汇入河槽的水流和直接降落在河槽里的雨水经过河槽调蓄，汇到流域出口断面，形成出流过程，称为河网汇流过程（包为民，2009）。

坡地与河网汇流存在较大差异性。坡面径流在坡面上运动，受到的地面阻力虽然比河道水流要大些，流速较小，但其流程不长，所以坡地汇流时间一般不长。对于坡面下渗产生的地下径流，其在土壤中运动，属渗流，比地面水流小得多，因此地下水流汇集时间比地面水流汇流时间长得多。不同层次的土层中产生的地下径流汇流时间存在差别。浅层疏松土层中形成的壤中流流速较大，为快速地下径流，汇流时间较短；而深层土层中形成的地下径流流速相对较慢，为慢速地下径流，汇流时间较长，常以日、月计。在流域汇流的计算中，要处理好各种水源因流速变化引起的非线性问题，同时要考虑因降水和下垫面条件空间不均匀性导致的各处水源入流不均对流域汇流的影响。

2.3.2 半湿润半干旱区汇流分析

在半湿润半干旱区，地表水资源非常紧缺，无法满足日益增长的社会经济发展和居民生活用水的需求，因此，地下水成为最主要的水源而被长期采用，部分区域因长期过度开采地下水，导致水位逐年下降并形成水位降落漏斗。例如，华北平原，区域内地表水资源紧缺，地下水资源承载了京津冀等地几十年的社会经济发展，付出的代价便是地下水位的严重下降。地下水位下降导致包气带增厚、包气带缺水量增大。华北平原平均年降水量约为500mm，其中70%以上都转化为了土壤水（Zhang et al., 1994），这意味着降雨过程中，大部分的水量被包气带所蓄积，而没有形成径流，同时也意味着降雨是地下水的重要补给源。

区域内降雨在时间上分布极不均匀，春秋冬季节少雨，80%以上的降雨发生在汛期（7～9 月）。由于春秋冬季降雨较少，且用水量较多，地下水开采量远大于补给量，地下水位下降。汛期刚开始时，地下水埋深较深，包气带缺水量大，导致径流汇流过程中不断渗漏，补充地下水，抬升地下水位（李致家等, 2013）。例如，河北省有很多常年不过流的河流，即使有水的河流其河滩也很少过水，一遇洪水，沿程损失往往很大。例如，滹沱河黄壁庄水库至北中山河段，该河段长 110km，洪水时河宽一般大约为 2000m，常年不过水，河床为沙质，行洪时渗漏很大。1998 年 8 月洪水时，黄壁庄水库泄洪 8.79 亿 m^3，经过 8d，北中山站开始涨水，水量只有 1.85 亿 m^3，水量损失高达 79%。在半湿润半干旱区，特别是半干旱区，普遍存在这种因径流损失而导致洪峰减小和洪量减少的现象，可以称为洪水衰减。洪水衰减过程包括两个衰减源：坡面衰减和河道衰减，衰减造成的损失全都用于补给包气带和地下水。

2.4　小　结

本章分析均质土壤和非均匀土壤的产流机制，描述产流机制的相互转化关系和共性特征。基于产流和汇流理论，分析半湿润半干旱区的产汇流特征。对于半湿润半干旱地区，径流成分主要包括超渗地面径流和壤中水径流，包气带缺水量不大的区域（时期）还存在地下径流，而包气带缺水量极大的区域（时期）则产生少量或无地下径流。半湿润半干旱地区产汇流特征主要有以下几个方面：①径流组分组合复杂，不像干旱区那样因超渗地面径流占很大比例而概化为超渗产流模式，也不像湿润区那般将整个过程概括为蓄满产流模式。②包气带界面流的产生并非在包气带蓄满的条件下，无法使用蓄满产流模式来判别界面流或壤中流的产生，包气带“非蓄满，却产流”的现象至今缺乏合理理论和有效方法对其进行描述，具体在何深度产生界面流、产生多少壤中流，存在较大不确定性，难以量化表达。此外，一场洪水过程是否产生地下径流、产生多少地下径流，也存在较大不确定性。③汇流过程中存在径流衰减现象。由于地下水埋深较大、河道干涸，已经成为径流的水量在汇集的过程中仍旧继续下渗，补给包气带缺水量和地下水。此外，常年不过水的河道缺水严重，河道行洪的沿程损失很大。

参考文献

包为民. 2009. 水文预报[M]. 4 版. 北京：中国水利水电出版社.

龚子同. 2014. 中国土壤地理[M]. 北京：科学出版社.

龚子同, 张甘霖, 陈志诚, 等. 2007. 土壤发生与系统分类[M]. 北京：科学出版社.

李致家, 黄鹏年, 张建中, 等. 2013. 新安江-海河模型的构建与应用[J]. 河海大学学报(自然科学版), 41(3): 189-195.

全国土壤普查办公室. 1993. 中国土壤分类系统[M]. 北京: 农业出版社.

芮孝芳. 2004. 水文学原理[M]. 北京: 中国水利水电出版社.

赵人俊. 1984. 流域水文模拟——新安江模型与陕北模型[M]. 北京:水利电力出版社.

Blum W E H. 2001. The energy concept of soils[M]// Functions of Soils in the Geosphere-Biosphere Systems, Moscow: MAX Press: 20-21.

Dunne T, Black R D. 1970. Partial area contributions to storm runoff in a small New England watershed[J]. Water Resources Research, 6(5): 1296-1311.

Horton R E. 1935. Surface Runoff Phenomena[R]. New York: Horton Hydrology Laboratory.

Simonson R W. 1959. Outline of a generalized theory of soil genesis[J]. Soil Science Society of America Journal, 23(2): 152-156.

Zhang R Q, Jin M, Sun L F, et al. 1994. Systems analysis of agriculture-water resources-environment in Hebei Plain[J]. The Water Down Under 94: Groundwater/Surface Hydrology Common Interest Papers: 453.

第3章　半湿润半干旱流域水文特性分析

本章以紫荆关流域、西泉流域、初头朗流域为对象，分析半湿润半干旱区的水文特性，包括降水、径流和蒸发的逐日变化、年际变化，降水量和径流量的年内分配，年径流系数和雨季径流系数的变化等。

3.1　紫荆关流域

紫荆关流域位于海河流域大清河水系的拒马河上游，发源于河北省涞源县境内，上游石门以上为涞源盆地，石门以下至紫荆关为开阔谷地。流域控制面积为 1760 km^2，主河道长约 81.5km，河道纵坡 5.5‰（李建柱, 2008）。紫荆关水文站位于 115°10′E、39°26′N，位于河北省易县紫荆关村。流域属于中温带半湿润气候亚区，春季干旱多风，夏季炎热多雨，秋季气候干爽，冬季寒冷少雪，四季分明。流域内多年平均降雨量约为 650mm，最大年降雨量为 1463.6mm（1956 年）（陈伏龙等, 2010）。

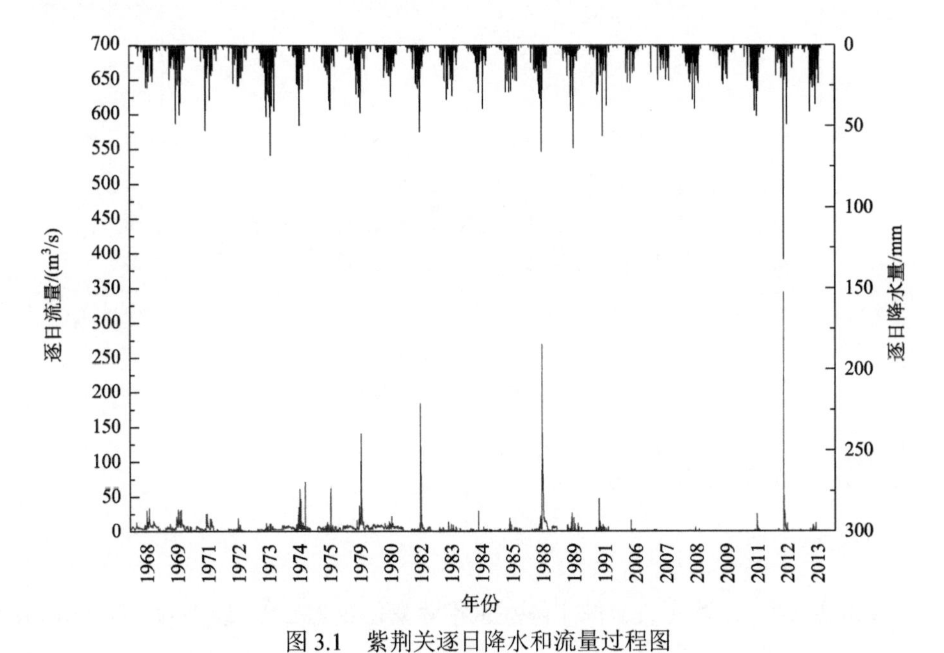

图 3.1　紫荆关逐日降水和流量过程图

3.1.1　水文要素逐日变化

图 3.1 中列出了 1968～1969 年、1971～1975 年、1979～1980 年、1982～1985 年、1988～1989 年、1991 年、2006～2009 年、2011～2013 年共计 23 年的逐日降水和逐日流量数据。由图 3.1 可看出，极端降水和洪水在历史中多次发生。流域逐日流量过程变异性大，1991 年以前，流量过程连续性较好，一直存在流量过程。但是，1991 年以后（2006～2009 年，2011～2013 年），流量减小，然而对应时期的降水量却未明显减少，经分析推测是因为气候变化影响、地下水开采等导致流域产流能力下降。

从图 3.2 中可以看出，蒸发量变化较为均匀，主要集中在 0～25mm 之间变动。20 世纪 80 年代中期以后，蒸发量极值呈现一定量的减小趋势。

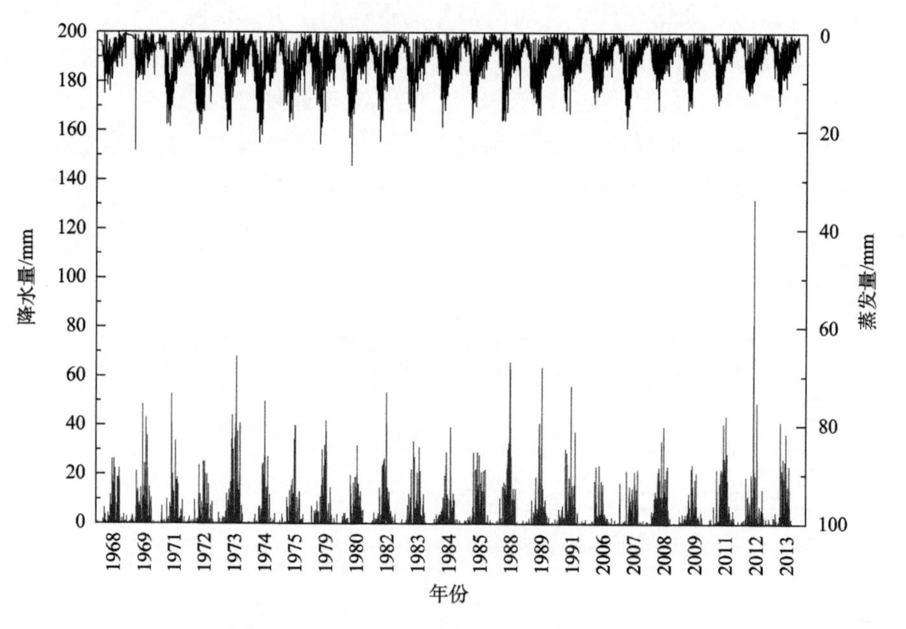

图 3.2　紫荆关流域逐日降水和蒸发过程图

蒸发为 E601 蒸发皿观测值

3.1.2　水文要素年际变化

1）年降水量

根据现有资料，紫荆关流域年降水量年际变化较为显著，最小为 334mm（1984

年），最大为 813mm（1973 年），极值比为 2.43，多年平均为 534mm。年代际上无明显变化趋势（$R^2=-0.03, P=0.67$）（图 3.3）。

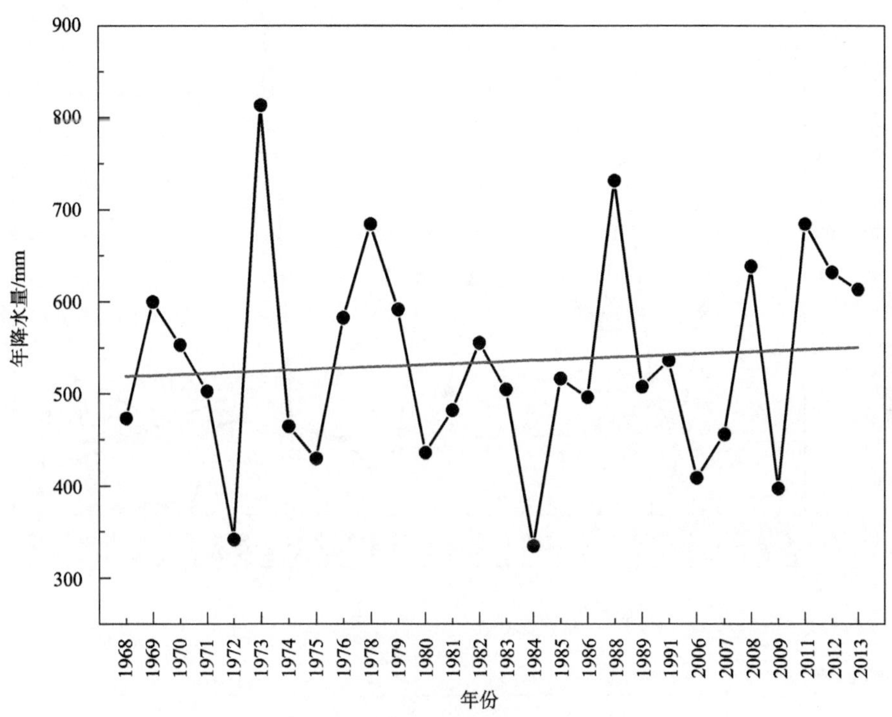

图 3.3　紫荆关流域年降水量变化图

图中直线为趋势线

2）年径流量

紫荆关流域年日平均径流量年际变化大，最小为 0.097m³/s（2009 年），最大为 9.71m³/s（1978 年），多年平均为 3.16m³/s。总体上，随时间呈现下降的趋势（$R^2=0.24, P=0.003$），下降趋势较为明显（图 3.4）。该流域 1958 年修建了五一渠，用于灌溉和饮水，2011 年修建了小盘石水电站，1958～2011 年间并未修建水利工程，因此径流量下降可以归因于流域产流能力下降。

3.1.3　水文要素年内分配特征

1）降水量年内分配

紫荆关流域的降水集中在 7 月和 8 月，分别占全年的 30%和 26.1%，6～9 月降水量分别占全年的 16.3%、30%、26.1%和 11.5%，降水量年内分配极不均匀（图 3.5）。

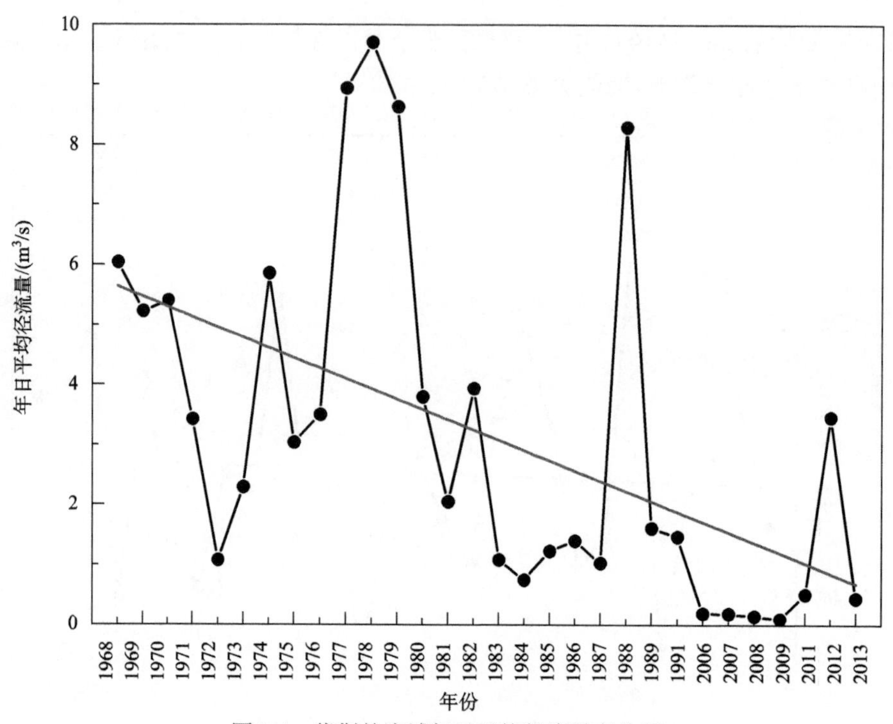

图 3.4　紫荆关流域年日平均径流量变化图

图中直线为趋势线

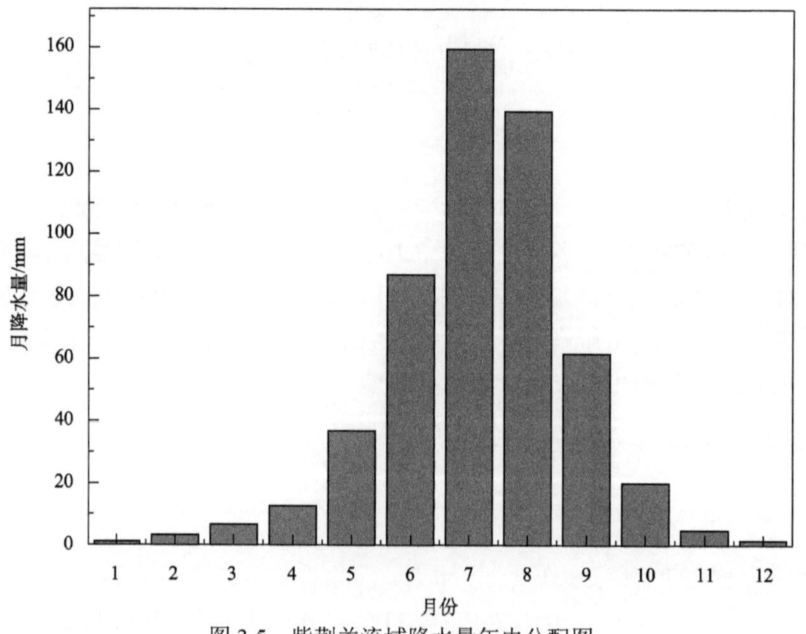

图 3.5　紫荆关流域降水量年内分配图

2）径流量年内分配

流域多年平均月径流量主要集中在 7～9 月，其中 7 月和 8 月最多，9 月次之（图 3.6）。

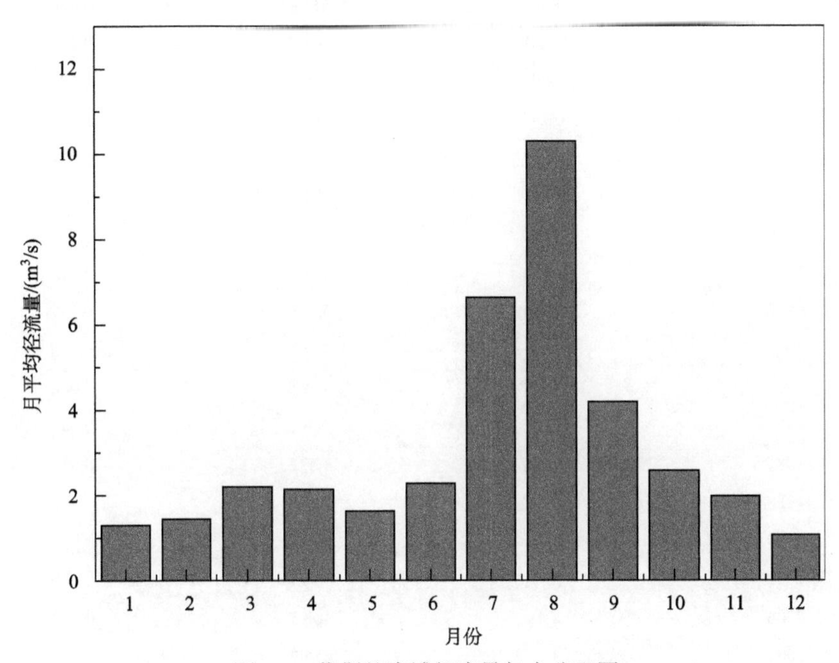

图 3.6　紫荆关流域径流量年内分配图

3.1.4　径流系数分析

1）年径流系数分析

紫荆关流域径流系数在 0.004～0.261，大部分在 0～0.1，其中 0～0.05 最多，年径流系数非常低（表 3.1）。

表 3.1　紫荆关流域年径流系数统计表

年份	实测径流深/mm	年降水量/mm	径流系数
1968	108.2	473.2	0.229
1969	93.6	599.8	0.156
1970	96.7	553.2	0.175

续表

年份	实测径流深/mm	年降水量/mm	径流系数
1971	61.3	502.4	0.122
1972	19.3	341.7	0.057
1973	41.0	813.4	0.050
1974	105.0	464.4	0.226
1975	54.4	429.4	0.127
1976	62.7	582.6	0.108
1978	174.0	684.5	0.254
1979	154.6	591.7	0.261
1980	68.1	435.8	0.156
1981	36.7	481.8	0.076
1982	70.6	555.2	0.127
1983	19.4	504.4	0.038
1984	13.4	334.5	0.040
1985	22.0	516.1	0.043
1986	25.1	496.2	0.051
1988	148.5	731.4	0.203
1989	28.8	507.5	0.057
1991	26.3	536.1	0.049
2006	3.4	408.7	0.008
2007	3.3	455.7	0.007
2008	2.6	638.3	0.004
2009	1.7	397.2	0.004
2011	9.1	684.4	0.013
2012	62.0	631.8	0.098
2013	7.9	613.4	0.013

2）雨季径流系数分析

紫荆关流域在雨季之外，降水很少发生，流量很小或者没有。因此，有必要分析雨季的径流系数。图 3.7 和表 3.2 为紫荆关流域雨季的径流系数统计结果，可知，雨季径流系数在 0.002～0.677，变幅非常大，说明流域产汇流过程十分复杂。例如，径流系数最低的 2003 年，径流系数为 0.002，降水量却并非最小，径流系数最大的 1977 年，降水量却并非最大。

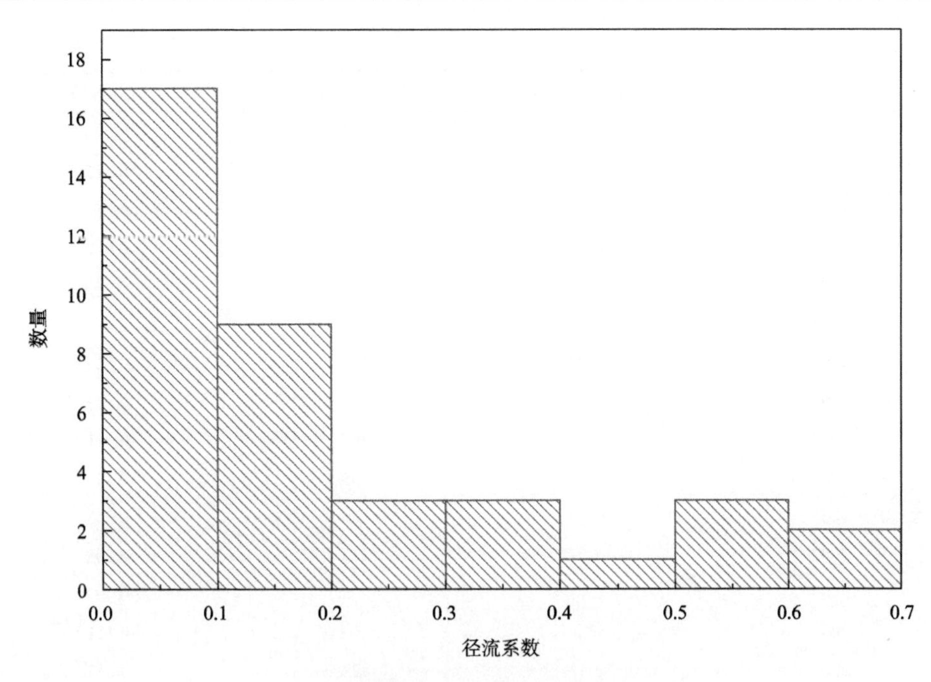

图 3.7　紫荆关流域雨季径流系数直方图

表 3.2　紫荆关流域雨季径流系数统计表

年份	实测径流深/mm	雨季降水量/mm	径流系数
1971	121.3	446.2	0.272
1972	29.9	266.0	0.113
1973	294.3	679.5	0.433
1974	173.4	455.8	0.380
1975	83.3	405.0	0.206
1976	123.2	519.8	0.237
1977	335.4	495.3	0.677
1978	347.6	610.8	0.569
1979	270.3	512.7	0.527
1980	66.2	347.5	0.191
1981	54.3	423.7	0.128
1982	172.3	482.0	0.357
1983	26.4	374.4	0.070
1984	11.6	276.0	0.042
1985	40.0	398.9	0.100
1986	55.1	445.5	0.124

续表

年份	实测径流深/mm	雨季降水量/mm	径流系数
1987	33.0	453.3	0.073
1988	388.0	628.7	0.617
1989	47.1	421.4	0.112
1994	18.7	448.3	0.042
1995	106.4	613.3	0.173
1996	343.7	604.6	0.569
1997	11.8	344.7	0.034
1998	33.8	450.9	0.075
1999	9.2	367.2	0.025
2000	61.4	455.6	0.135
2001	11.9	279.5	0.043
2002	1.0	373.4	0.003
2003	0.7	298.3	0.002
2004	57.0	513.4	0.111
2005	3.4	322.2	0.011
2006	5.7	302.9	0.019
2007	1.2	337.2	0.004
2008	4.8	539.2	0.009
2009	1.1	339.6	0.003
2010	2.1	396.5	0.005
2011	21.7	595.7	0.036
2012	177.9	498.3	0.357

图 3.8 表明：①径流系数与累积降水量呈一定的正相关关系（R^2=0.41, P=0.0001），径流系数随累积降水量的增加而增大，说明流域累积降水较小的话，流域产流能力很弱，随着降水量的增加，产流能力增强。降水量的增加主要有两种方式：一种方式是雨强不大的长历时降雨导致的雨量增加，另一种方式是雨强增大，短历时高强度降水导致的降水量增加。显然，该区域内主要以短历时高强度降雨为主，因此，径流系数随累积降水量增加主要是因为雨强的增大，可知该区域超渗地面径流成分较大。②在雨季累积降水量相同或相似的情况下，径流系数也呈现明显的差异性。例如，1987 年、1994 年、1998 年的降水量均在 450mm 量级，径流系数却仅为 0.073、0.042 和 0.075，然而相同量级降水的 1971 年、1974 年，径流系数却为 0.272 和 0.380。降水量稍多一点（495.3mm）的 1977 年，径

流系数高达 0.677，比降水量最大（679.5mm）的 1973 年的径流系数（0.433）还要高。一方面归因于雨强的差异，雨强较大易于产生较多径流；另一方面也跟雨季每场降水发生时的前期土壤含水量有关，与场次之间的紧密度有关，如果几场大规模的降水发生时间较为连续，土壤一直保持一定的含水量，将会造成因壤中流和地下径流的增加而导致的总径流量的增加，从而提高径流系数。相反，即使降雨很大，但场次间的间隔时间较长，此种情况会造成土壤含水量降低，导致很多降水被极度缺水的包气带所吸收，从而降低产流能力。

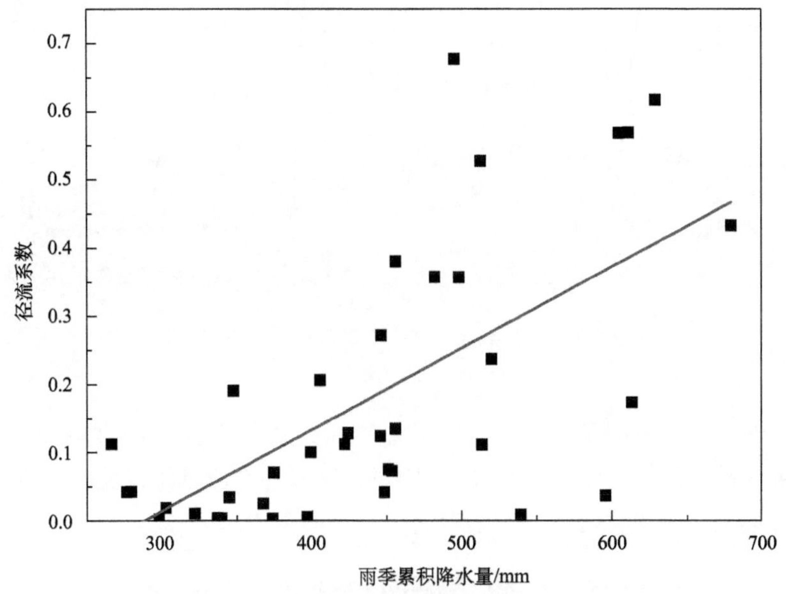

图 3.8　紫荆关流域雨季径流系数与雨季累积降水量散点图

图中直线为趋势线

紫荆关流域雨季径流系数呈现较为明显的下降趋势（R^2=0.25, P=0.0008），特别是进入 21 世纪后，雨季径流系数整体偏小（图 3.9）。而且，上文已说明，1958～2011 年该流域并未修建水利工程。因此可知，流域确实存在干旱化的趋势，产流能力在下降。

3）洪水径流系数分析

由表 3.3 可知，紫荆关流域的洪水呈现单峰、双峰并存的特点。峰型以陡涨陡落和陡涨缓落为主，其中陡涨陡落最多，说明流域洪水的径流组分主要以超渗地面径流和壤中流为主，其中超渗地面径流占据比例最大。陡涨缓落型的洪水退水时间不长，说明该流域以浅层壤中流为主，深层壤中流和地下水的比例很小，

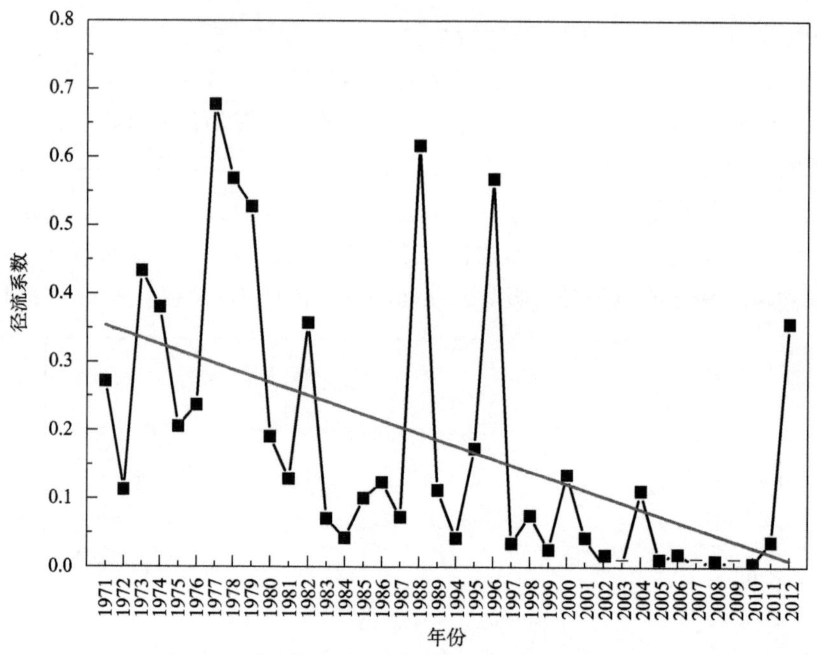

图 3.9　紫荆关流域雨季径流系数与年份变化图

图中直线为趋势线

说明包气带较少存在蓄满的情况。流域场次径流系数偏小，主要集中在 0.032～0.416，洪水径流系数的差异化明显，说明每次洪水的产流量不仅受控于累积雨量，而且与前期土湿、雨强等多种因素有关。

表 3.3　紫荆关流域历史洪水场次特性表

序号	洪号	峰数	峰型	累计降水量/mm	实测径流深/mm	径流系数
1	710814	单	陡涨陡落	34.1	1.4	0.040
2	730812	双	陡涨陡落	73.2	5.5	0.075
3	730819	单	陡涨缓落	90.3	21.4	0.237
4	740731	单	陡涨陡落	59.3	8.9	0.151
5	760717	单	缓涨缓落	105.7	11.0	0.104
6	770702	单	陡涨陡落	21.8	3.2	0.148
7	780825	单	陡涨陡落	202.2	55.0	0.272
8	790814	单	陡涨缓落	57.5	23.9	0.416
9	820730	双	陡涨陡落	136.5	40.6	0.298
10	860703	单	陡涨陡落	81.2	4.3	0.053
11	870818	单	陡涨陡落	21.3	0.7	0.032
12	880801	单	陡涨缓落	70.1	8.6	0.123

3.2　西 泉 流 域

老哈河流域（41°～43° N, 117°～120° E），处于内蒙古东部，位于西辽河南源，是西辽河源头西拉木伦河的一级河流。流域属中温带半干旱大陆性气候，干燥少雨，多风沙。年降水量从西北部山地的 300mm 到东南部低地的 600mm，年平均气温从西北山地的 2℃到东南部低地的 7℃。而且，流域内降水量时空分布不均匀，丰枯变化显著，呈雨季和旱季交替的特点，雨季为 5～10 月，对年降水量的贡献率达 65%～75%，旱季为 11～次年 4 月，其中春秋贡献率约 15%，冬季贡献率不足 5%。西泉流域位于老哈河流域东南源头区，由西泉水文站控制，控制面积 400km^2，相比于北部区域，降水量大，气候较为湿润，多年平均降水量为 530mm，多年平均蒸发量约 820mm（E601 蒸发器）（白雪等, 2010）。

3.2.1　水文要素逐日变化

图 3.10 列出了 1971～1975 年、1977～1980 年、1983～1984 年、2006～2012 年共计 18 年的西泉流域逐日降水量和逐日流量数据。由图 3.10 可看出，西泉流域降水极值在历史中多次发生，导致相应的流量极值很多，但是降水极值和径流极值

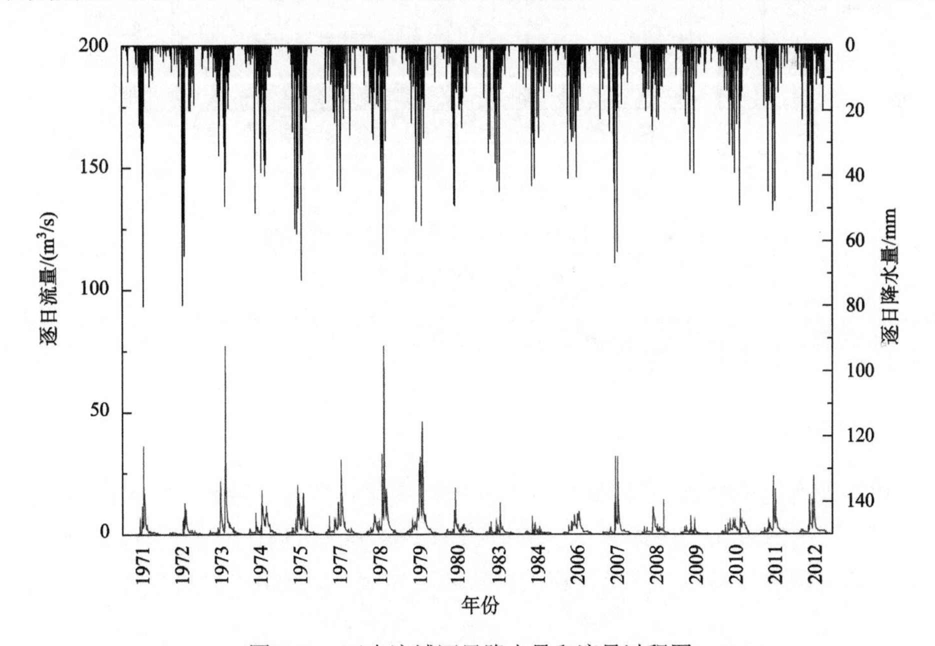

图 3.10　西泉流域逐日降水量和流量过程图

并未良好的对应，特别是 1971 年和 1972 年，极端降水大，但是对应的径流却不大，然而在其他年份，基本上是较大降雨对应较大径流。说明此区域产流机制较为复杂，有时是超渗地面径流居多，有时是地表以下径流占据主导。流域逐日流量过程变异性大，20 世纪 80 年代以前，流量极值出现频次较多，流量整体偏大。但是，1980 年以后，多数年份流量偏小，然而对应时期的降水量却未明显减少，这可能是因为气候变化等因素导致流域径流偏小。从图 3.11 中可以看出，西泉流域蒸发量变化较为均匀，主要集中在 0～20mm 之间变动。

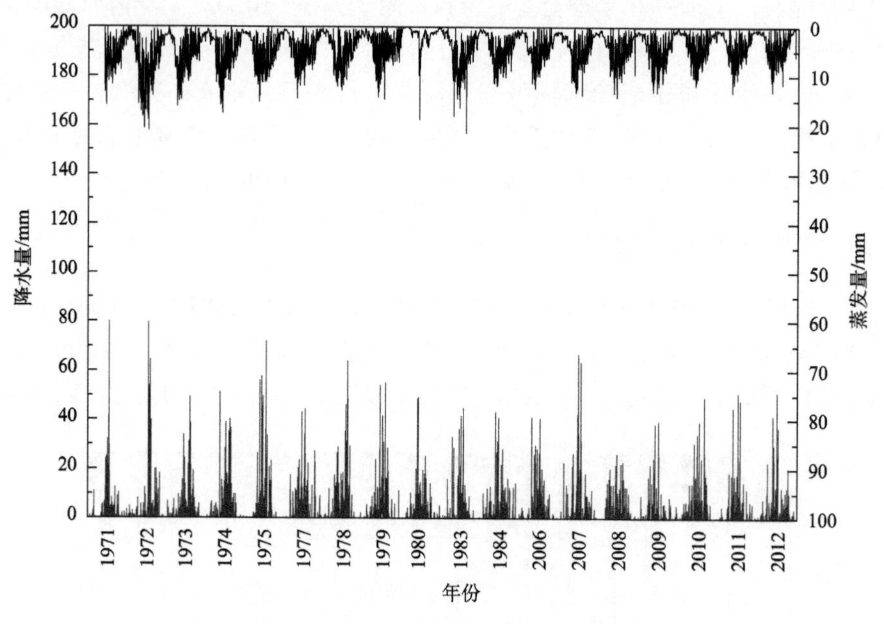

图 3.11　西泉流域逐日降水和蒸发过程图

蒸发为 20cm 蒸发皿观测值

3.2.2　水文要素年际变化

1）年降水量

根据现有的资料，西泉流域年降水量年际变化较为显著，最小为 383mm（2009 年），最大为 757mm（1973 年），多年平均为 597mm。长期变化无明显趋势，虽然降水量呈现轻微减小，但统计相关指数并不显著（R^2=0.05，P=0.67）（图 3.12）。

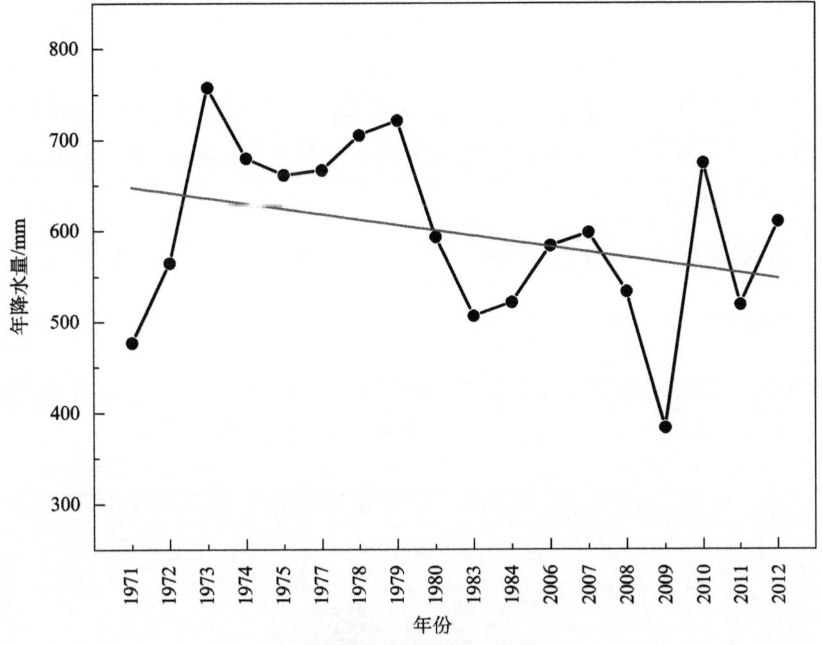

图 3.12　西泉流域年降水量

图中直线为趋势线

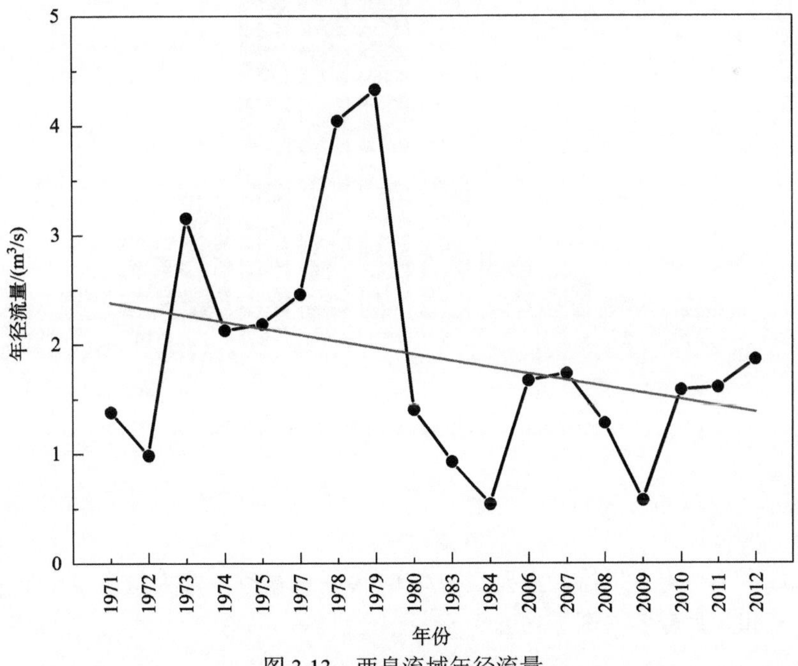

图 3.13　西泉流域年径流量

图中直线为趋势线

2）年径流量

西泉流域的年日平均径流量年际变化较大，最小为 0.53 m³/s（1984 年），最大为 4.33 m³/s（1979 年），多年平均为 1.88m³/s。流量下降的趋势并不显著（R^2=0.05，P=0.23）（图 3.13）。

3.2.3 水文要素年内分配特征

1）降水量年内分配

西泉流域的降水集中在 6 月、7 月和 8 月，6～8 月的降水量分别占全年的 19.5%、26.4%和 20.4%，合计占全年降水量的 66.3%（图 3.14）。

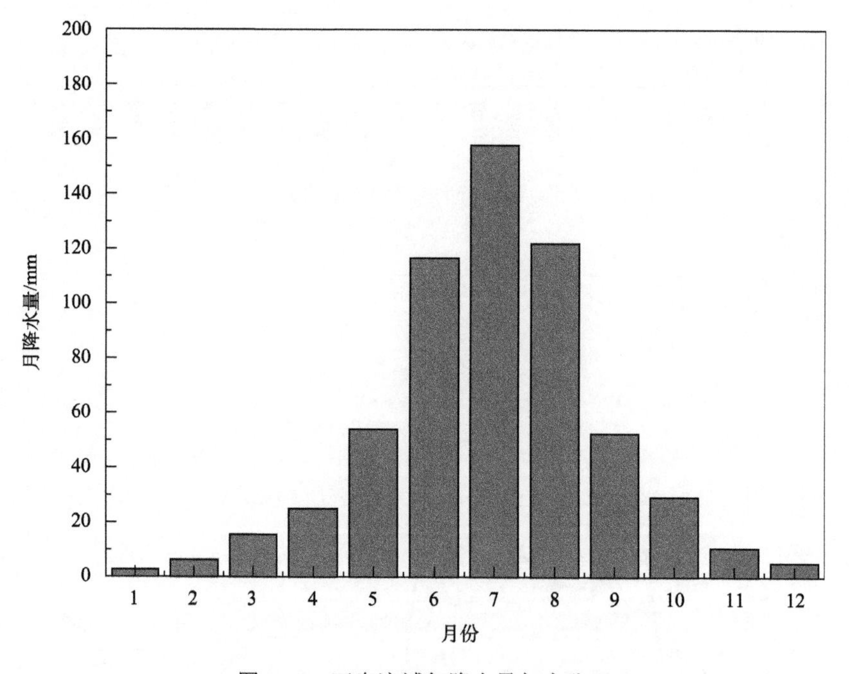

图 3.14　西泉流域年降水量年内分配

2）径流量年内分配

流域多年平均月径流量主要集中在 6～9 月的雨季，最大量出现在 7～9 月，其中 7 月和 8 月最多（图 3.15）。

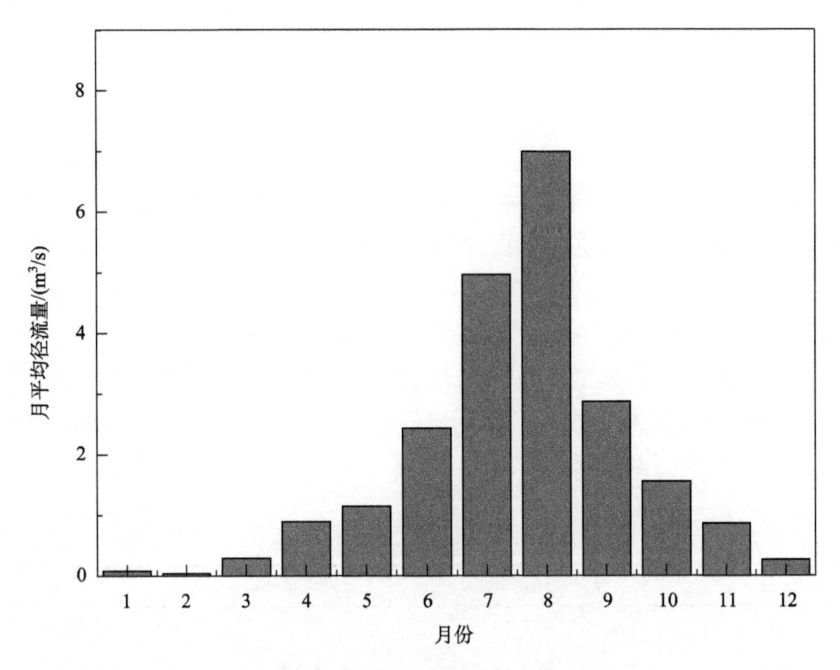

图 3.15　西泉流域径流量年内分配

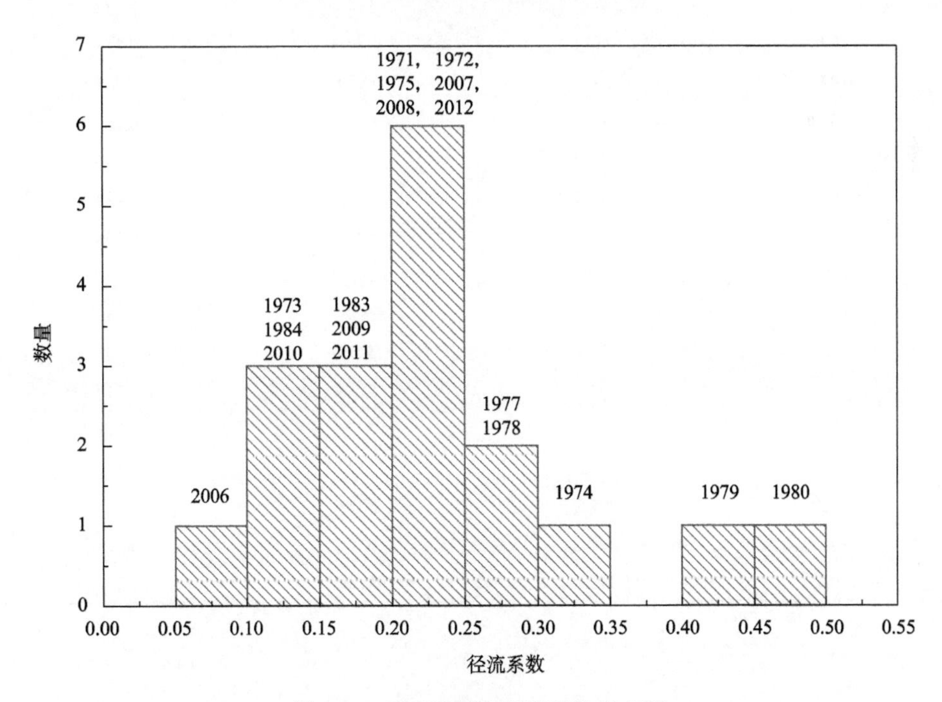

图 3.16　西泉流域年径流系数直方图

3.2.4 径流系数变化

1）年径流系数分析

通过计算西泉流域各年平均径流系数(表 3.4)，可知，流域径流系数在 0.078～0.456，大部分在 0.10～0.30，其中 0.10～0.25 最多（图 3.16）。个别年份径流系数较为异常，2006 年径流系数明显偏小，为 0.078；1974 年径流系数较大，为 0.317；径流系数超过 0.4 的年份分别为 1979 年（0.436）和 1980 年（0.456）。

为分析径流系数随时间的变化规律，绘制了径流系数随时间的变化图（图 3.17），整体而言，径流系数在长期内并无显著的变化趋势（R^2=0.01，P=0.29）。相比于紫荆关流域，该流域产流能力较为稳定，并未发生明显变化。

表 3.4　西泉流域年径流系数统计表

年份	实测径流深/mm	年降水量/mm	径流系数
1971	142.7	597.5	0.239
1972	104.9	476.9	0.220
1973	74.7	564.6	0.132
1974	239.8	757.3	0.317
1975	161.5	679.6	0.238
1977	165.8	661.6	0.251
1978	186.5	666.7	0.280
1979	307.2	705.1	0.436
1980	328.8	721.2	0.456
1983	106.5	592.9	0.180
1984	70.2	506.5	0.139
2006	40.9	521.4	0.078
2007	126.7	583.4	0.217
2008	131.7	597.9	0.220
2009	97.2	532.8	0.182
2010	43.5	383.6	0.113
2011	120.2	674.5	0.178
2012	122.0	518.6	0.235

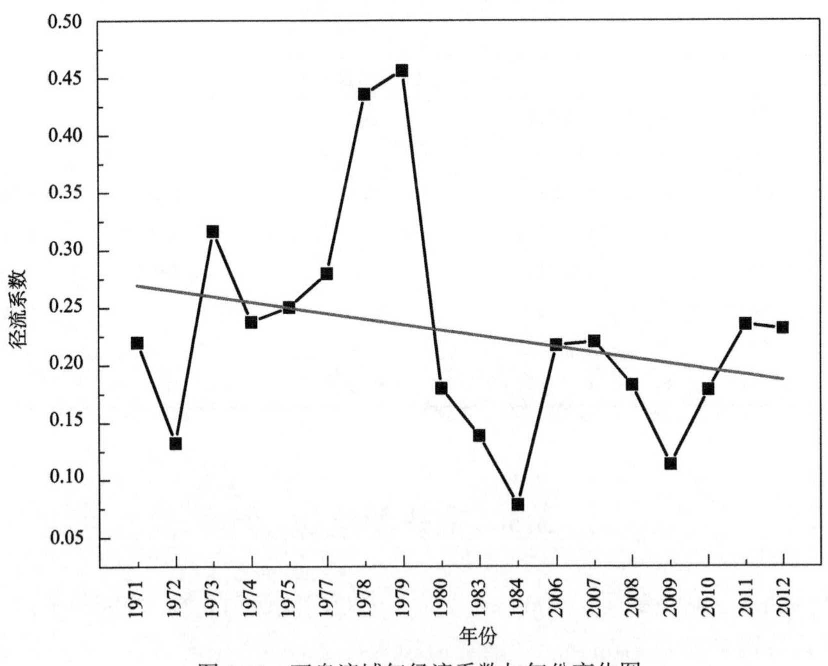

图 3.17　西泉流域年径流系数与年份变化图

图中直线为趋势线

2）洪水径流系数分析

由表 3.5 可知，西泉流域洪水的峰数主要为单峰，峰型以陡涨陡落和陡涨缓落为主，两者比例差不多，说明流域洪水的径流组分既包括超渗地面径流和浅层壤中流，还包括深层壤中流或地下径流。陡涨缓落型的洪水退水时间较长，说明该流域经常产生深层壤中流和地下径流，即在降雨量多（可能前期土湿也较大）的情况下包气带存在蓄满的情况。流域场次径流系数主要集中在 0.026～0.439，洪水径流系数的差异化显著，有时很小，不足 0.1 和 0.2，有时很大，经常超过 0.3 和 0.4，说明每次洪水的产流量不仅受控于累积雨量，而且与前期土湿、雨强等多种因素有关。

表 3.5　西泉流域历史洪水场次特性表

序号	洪号	峰数	峰型	累计降水量/mm	实测径流深/mm	径流系数
1	710705	单	陡涨陡落	34.3	5.2	0.152
2	710718	单	陡涨陡落	84.8	10.5	0.124
3	720719	单	陡涨缓落	84.8	2.2	0.026
4	720803	单	陡涨缓落	79.5	13.6	0.171

续表

序号	洪号	峰数	峰型	累计降水量/mm	实测径流深/mm	径流系数
5	720813	单	缓涨缓落	45.0	11.3	0.251
6	740905	单	陡涨缓落	36.4	9.9	0.273
7	770729	单	陡涨陡落	75.8	22.4	0.296
8	780807	单	陡涨缓落	68.5	30.1	0.439
9	840727	单	陡涨陡落	21.8	0.9	0.040
10	060812	单	缓涨缓落	39.4	13.7	0.347
11	070708	单	陡涨陡落	49.9	4.5	0.089
12	070717	单	陡涨陡落	65.0	21.5	0.330

3.3　初头朗流域

初头朗水文站控制面积 3009 km^2，位于老哈河流域的北端，较西泉流域干旱，多年平均降雨量仅为 370mm（刘铁等，2008）。

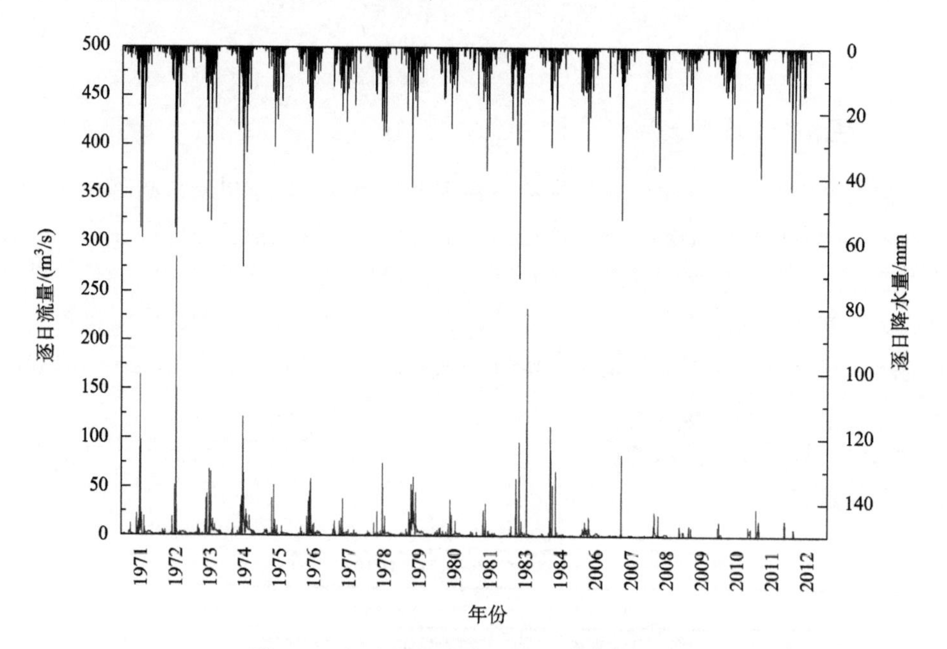

图 3.18　初头朗流域逐日降水和流量过程图

3.3.1　水文要素逐日变化

图 3.18 列出了 1971～2012 年部分年份的初头朗流域逐日降水和逐日流量数据。由图 3.18 可看出，初头朗降水量和流量均偏小。个别年份出现降水极值，并造成流量极值的出现。降水极值和径流极值对应良好，说明此区域超渗产流的特征明显。流域逐日流量过程可以分为较为显著的两个阶段，2006 年前（1971～1984 年），流量相对较大，2006 年后，流量明显偏少，说明流域产流能力下降。

从图 3.19 中可以看出，初头朗流域蒸发量变化较为均匀，主要集中在 0～20mm 之间变动，也存在一些大于 20mm 的较大值。

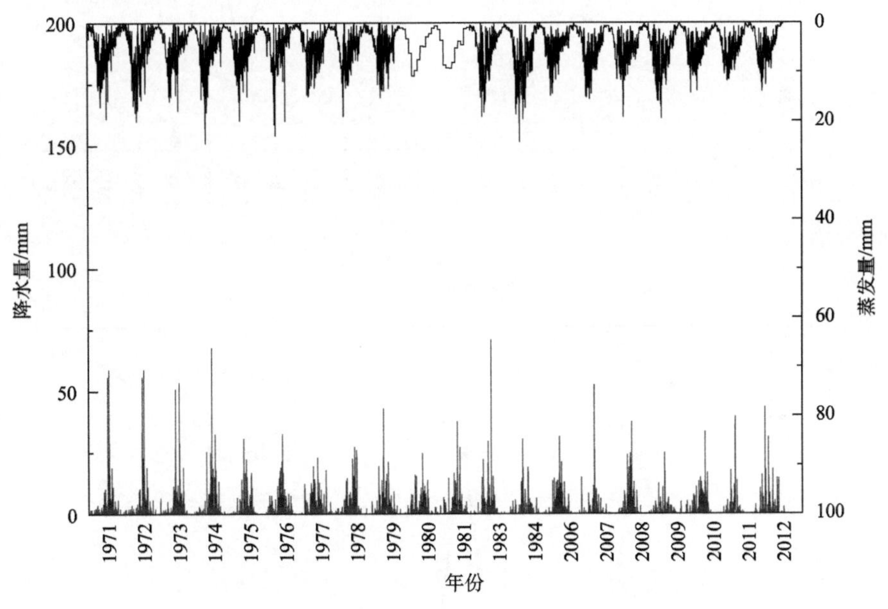

图 3.19　初头朗流域逐日降水和蒸发过程图

蒸发为 20cm 蒸发皿观测值，1980～1981 年蒸发为插值所得

3.3.2　水文要素年际变化

1）年降水量

根据现有数据资料，初头朗流域年降水量的年际变化较为显著，最小为 207mm（2009 年），最大为 511mm（1979 年），多年平均为 384mm，属于典型的半干旱区。年降水量呈现轻微下降趋势（R^2=0.15，P=0.05）（图 3.20）。

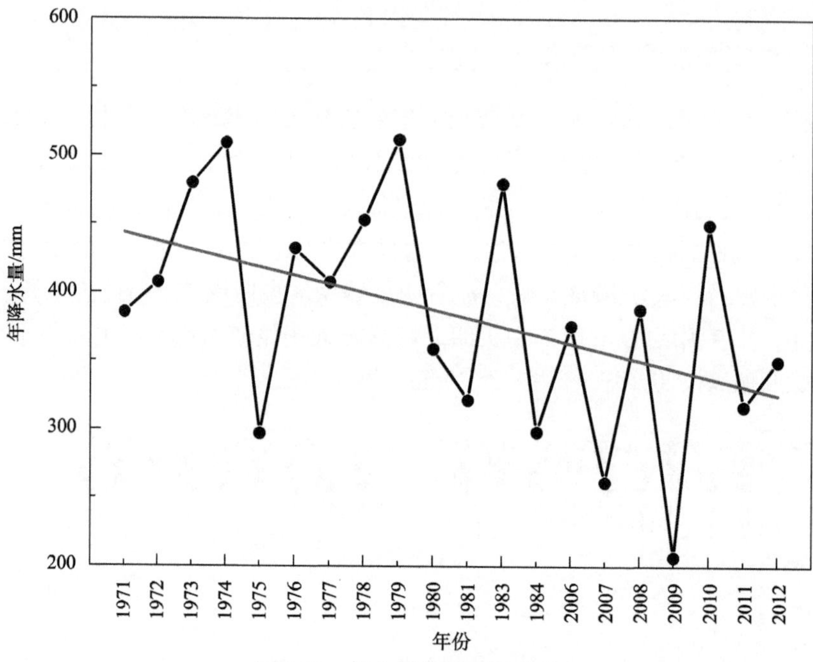

图 3.20　初头朗流域年降水量

图中直线为趋势线

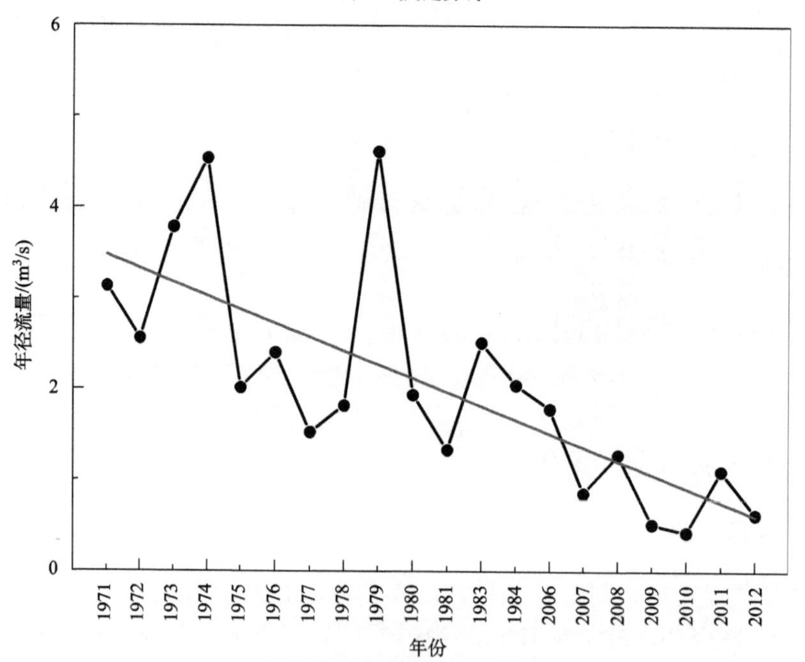

图 3.21　初头朗流域年径流量

图中直线为趋势线

2）年径流量

初头朗流域的径流量（日平均流量的年平均值）年际变化较大，最小值为 0.43 m³/s（2010 年），最大值为 4.61 m³/s（1979 年），多年平均为 2.04m³/s。而且，总体呈现下降的趋势（R^2=0.51，P=0.0002），下降趋势较为显著，由于此流域上并未修建水利工程，说明流域更加趋向干旱化（图 3.21）。

3.3.3　水文要素年内分配特征

1）降水量年内分配

初头朗流域的降水集中在 6 月、7 月、8 月和 9 月，其中 6～8 月最多，6～8 月的降水量分别占全年的 18.1%、27.3%和 21.3%，合计占全年降水量的 66.7%（图 3.22）。

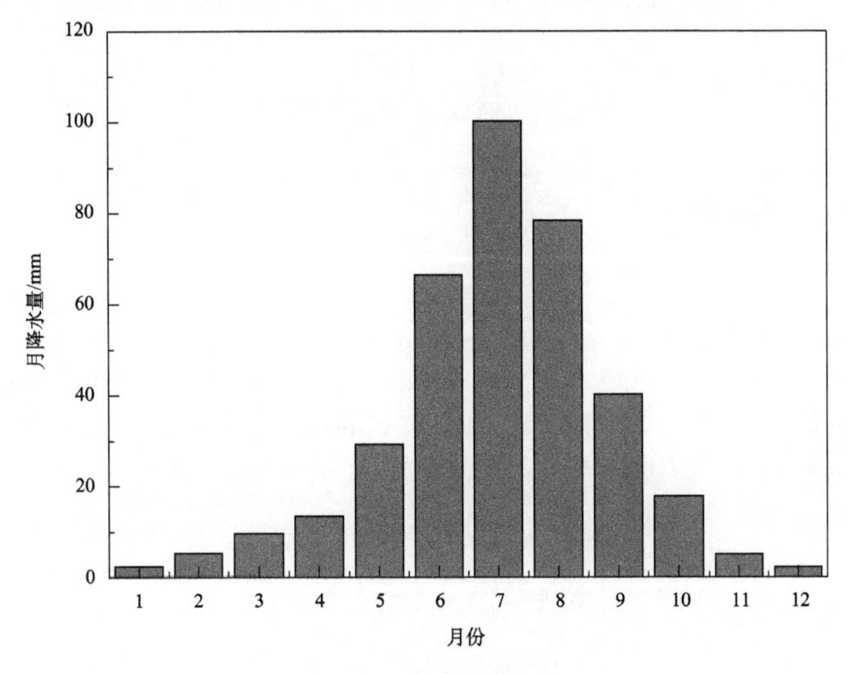

图 3.22　初头朗流域降水量年内分配

2）径流量年内分配

流域多年平均月径流量主要集中在 6～10 月，最大量出现在 7～8 月（图 3.23）。

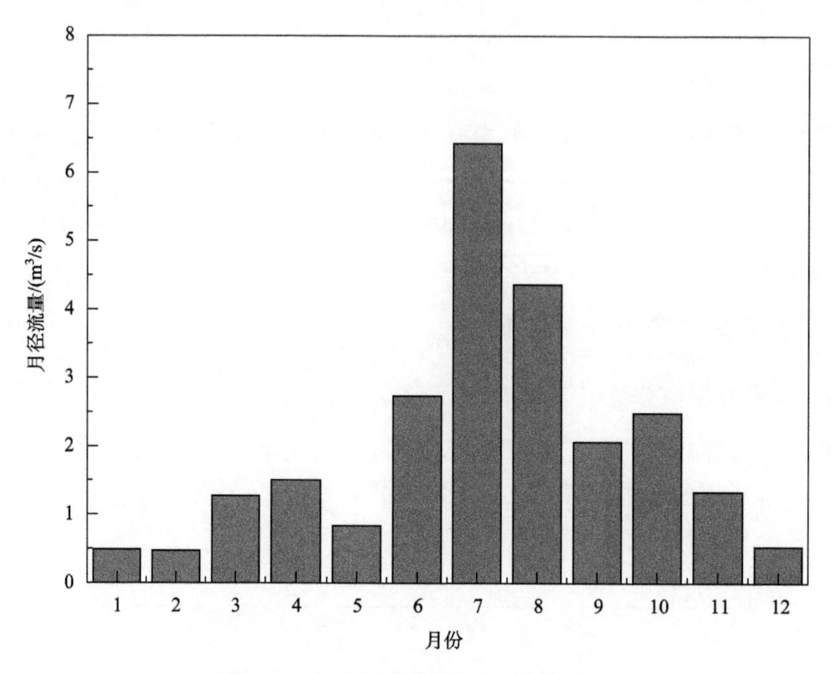

图 3.23　初头朗流域年径流量年内分配

3.3.4　径流系数变化

1）年径流系数分析

通过计算初头朗流域各年径流系数（表 3.6），可知，流域径流系数在 0.010～0.099，流域年平均产流能力非常低。表 3.7 列出了流域雨季径流系数，流域雨季径流系数（图 3.24）主要分布在 0.008～0.296 范围内，其中 0.05～0.15 最多，表明流域雨季产流能力也较弱，区域缺水量较大，干旱特征显著。

表 3.6　初头朗流域年径流系数统计表

年份	实测径流深/mm	年降水量/mm	径流系数
1971	34.4	385.4	0.089
1972	28.1	407.4	0.069
1973	41.6	479.9	0.087
1974	49.9	509.2	0.098
1975	22.1	296.9	0.074
1976	26.4	432.1	0.061
1977	16.8	407.4	0.041

续表

年份	实测径流深/mm	年降水量/mm	径流系数
1978	20.0	452.9	0.044
1979	50.7	511.6	0.099
1980	21.3	358.5	0.059
1981	14.6	321.3	0.045
1983	27.6	479.5	0.058
1984	22.5	298.0	0.076
2006	19.6	375.5	0.052
2007	9.4	261.3	0.036
2008	14.1	387.6	0.036
2009	5.7	206.9	0.028
2010	4.7	449.4	0.010
2011	12.1	316.7	0.038
2012	6.9	349.7	0.020

表 3.7　初头朗流域雨季（6～10 月）径流系数统计表

年份	实测径流深/mm	雨季降水量/mm	径流系数
1971	76.2	257.0	0.296
1972	57.4	331.6	0.173
1973	83.9	425.8	0.197
1974	112.9	423.8	0.266
1975	35.6	255.5	0.139
1976	57.0	349.9	0.163
1977	22.0	243.5	0.090
1978	35.2	381.9	0.092
1979	121.8	416.7	0.292
1980	25.4	230.0	0.110
1981	22.5	249.1	0.090
1983	45.0	388.5	0.116
1984	51.8	243.7	0.213
2006	38.0	283.7	0.134
2007	13.1	194.9	0.067
2008	26.9	322.5	0.083
2009	6.1	147.4	0.041
2010	2.6	307.1	0.008
2011	21.6	269.7	0.080
2012	6.6	233.1	0.028

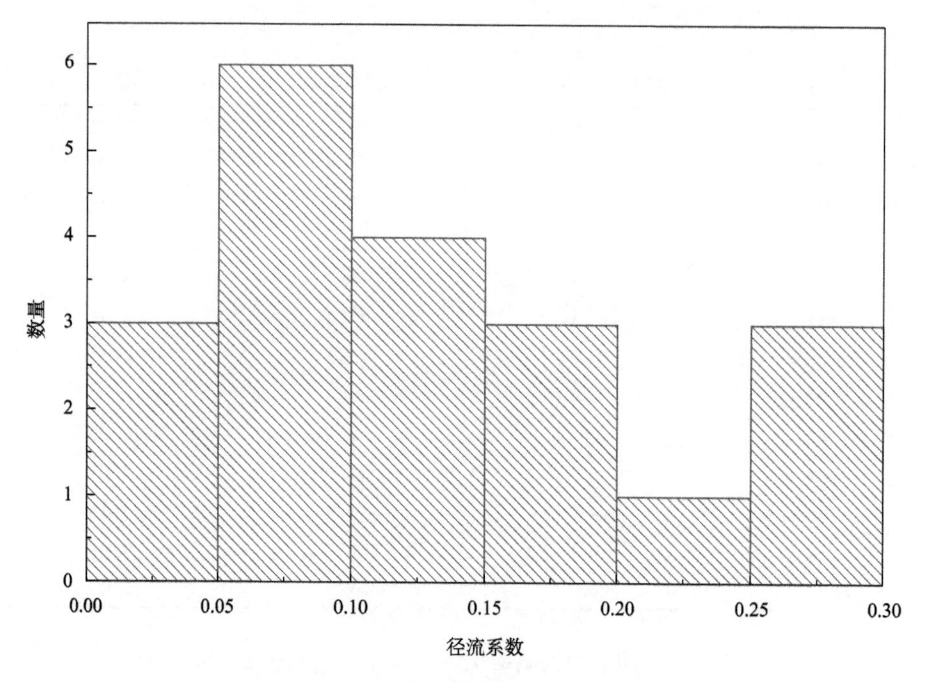

图 3.24　初头朗流域雨季径流系数直方图

2）雨季径流系数分析

为分析雨季径流系数随时间的变化规律，绘制了径流系数随时间的变化图，如图 3.25 所示。整体而言，径流系数随时间呈现下降的趋势（R^2=0.49，P=0.0003），表明流域产流能力在下降。这可能与流域降水量的减小（包括雨强的减小）和下垫面包气带缺水量的增大有关。

图 3.26 显示了初头朗流域雨季径流系数与累积降水量的关系，从图 3.26 中可以看出：①径流系数与累积降水量大体上呈一定的正相关关系（R^2=0.41，P=0.0001），径流系数随累积降水量的增加而增大，说明流域累积降水量较小的话，流域产流能力很弱，随着降水量的增加，产流能力增强。该区域内主要以短历时高强度降雨为主，因此，径流系数随累积降水量增加主要是因为雨强的增大，可知该区域超渗地面径流成分较大。②在雨季累积降水量相同或相似的情况下，径流系数的差异化十分显著，这可能主要归因于雨强的差异，雨强较大易于产生较多径流。

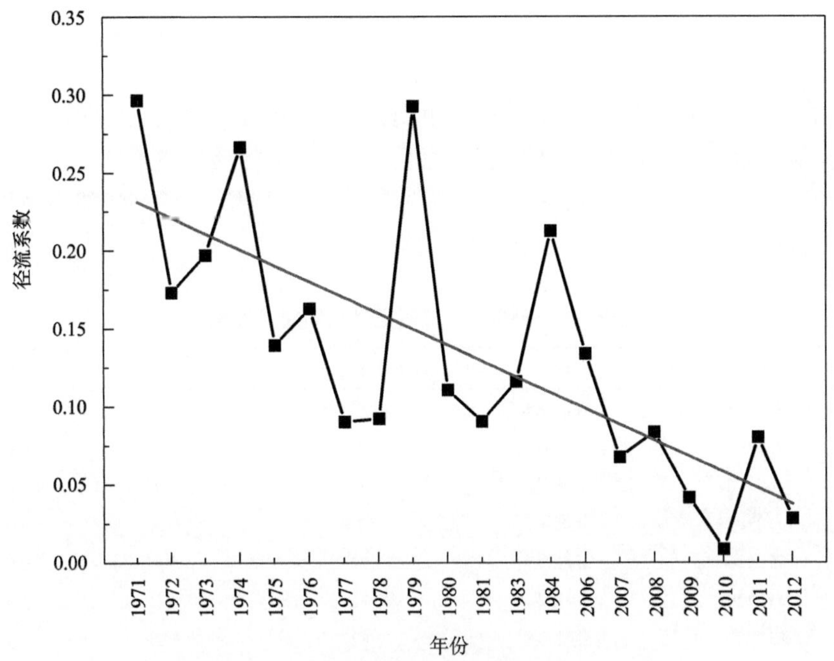

图 3.25　初头朗流域雨季径流系数与年份变化图

图中直线为趋势线

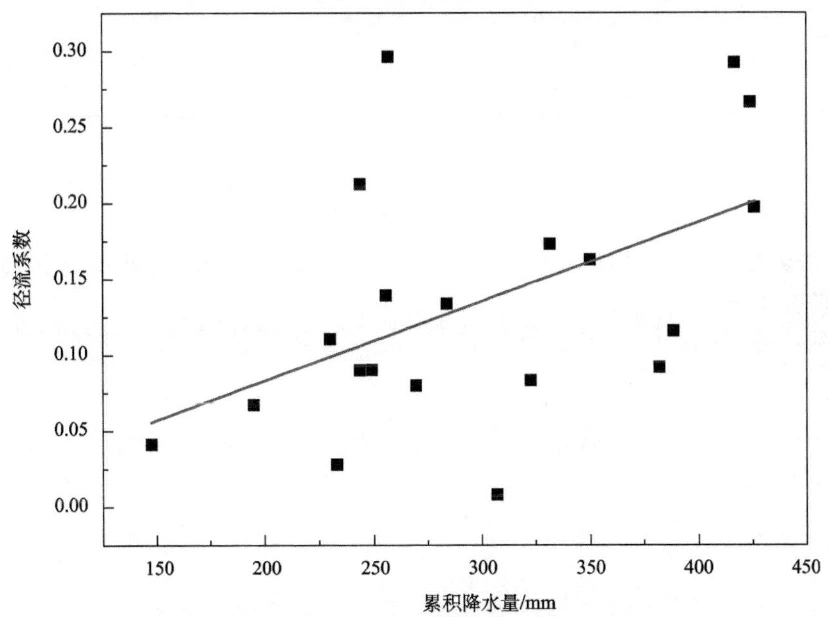

图 3.26　初头朗流域雨季径流系数与雨季累积降水量散点图

图中直线为趋势线

3）洪水径流系数分析

由表 3.8 可知，初头朗流域洪水的峰数主要为单峰，峰型以陡涨陡落为主，说明流域洪水的径流组分主要为超渗地面径流和部分的浅层壤中流。流域洪水径流系数主要集中在 0.018～0.301，径流系数很小，说明流域的产流能力很低，平时大部分降水用于补给包气带缺水量。

表 3.8　初头朗流域历史洪水场次特性表

序号	洪号	峰数	峰型	累计降水量/mm	实测径流深/mm	径流系数
1	720803	单	陡涨陡落	59.25	10.24	0.173
2	720807	单	陡涨陡落	17.12	2.27	0.133
3	760716	双	陡涨陡落	14.93	2.03	0.136
4	770702	单	陡涨陡落	15.16	0.60	0.040
5	770806	单	陡涨陡落	7.20	0.15	0.021
6	810729	单	陡涨陡落	2.32	0.18	0.078
7	830707	双	陡涨陡落	5.82	1.75	0.301
8	840629	单	陡涨陡落	40.24	5.64	0.140
9	060602	单	陡涨缓落	9.68	0.38	0.039
10	060704	单	陡涨陡落	10.09	1.12	0.111
11	070716	单	陡涨陡落	60.37	3.10	0.051
12	090723	单	陡涨陡落	34.81	0.63	0.018

参 考 文 献

白雪, 李琼芳, 刘铁, 等. 2010. 不同时间步长对次洪模拟影响的评价与分析[J]. 水电能源科学, 28(4): 56-58.

陈伏龙, 王京, 杨广, 等. 2010. 紫荆关流域降雨径流变化趋势的分析[J]. 石河子大学学报: 自然科学版, 28(1): 101-105.

李建柱. 2008. 流域产汇流过程的理论探讨及其应用[D]. 天津: 天津大学.

刘铁, 李琼芳, 王鸿杰, 等. 2008. 不同水文模型在老哈河流域的应用与比较[J]. 水电能源科学, 26(5): 21-23.

第4章　下渗理论及方法

4.1　下 渗 机 理

4.1.1　下渗时间变化特点

下渗现象在时间上表现为递减的特点（芮孝芳，2004）。大量的实验表明，下渗现象表现为三个阶段（图4.1）。第一阶段：渗润阶段。此时土壤含水量较小，下渗容量最大，随着时间的推移，下渗容量迅速递减。第二阶段：渗漏阶段。此阶段由于下渗不断补给，土壤含水量不断增加，下渗容量明显减小，但下渗递减速率变得缓慢。第三阶段：渗透阶段。该阶段土壤含水量达到田间持水量以上，下渗容量变得稳定，达到下渗容量最小值，称为稳定下渗率。

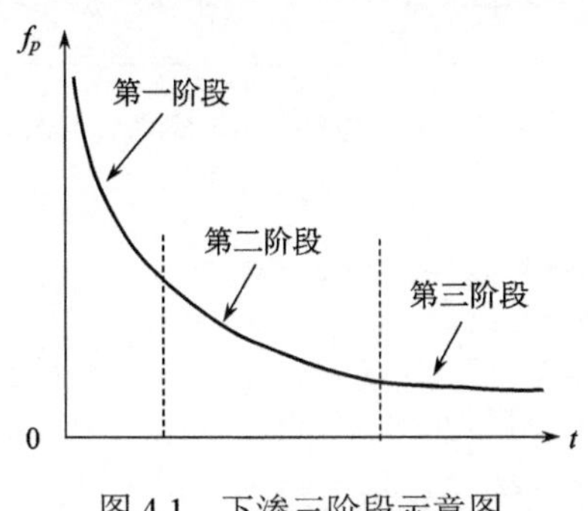

图4.1　下渗三阶段示意图

4.1.2　下渗空间变化特点

下渗现象在空间上（垂直方向）表现为四个典型的水分带。贝德曼（Bedman）和科尔曼（Colman）于1943年，在研究均质土层下渗过程中的土壤水分坡面变化时发现：虽然不同的土壤在下渗过程中的土壤水分坡面的具体变化不尽相同，但每层土壤都存在一个共同的特征，即可以划分为四个有明显区别的水分带（图4.2）。最上层为饱和带，厚度一般仅有1.5cm，且较为稳定，随供水时间增长的变化缓慢。饱和带以下为水分传递带，土壤含水量沿深度分布比较均匀，该层为厚度较大的非饱和土层，其厚度随供水时间增长而不断增加，土壤含水量大于田间持水量、小于饱和含水量，约为饱和含水量的六到八成。水分传递带以下为湿润带，该带中土壤含水量沿深度迅速减小，且不断下移，平均厚度大体保持不变。湿润带与下渗水尚未涉及的土壤的交界面为湿润锋，此处土壤含水量梯度很大，存在很大的土壤水分作用力驱使湿润锋不断下移。

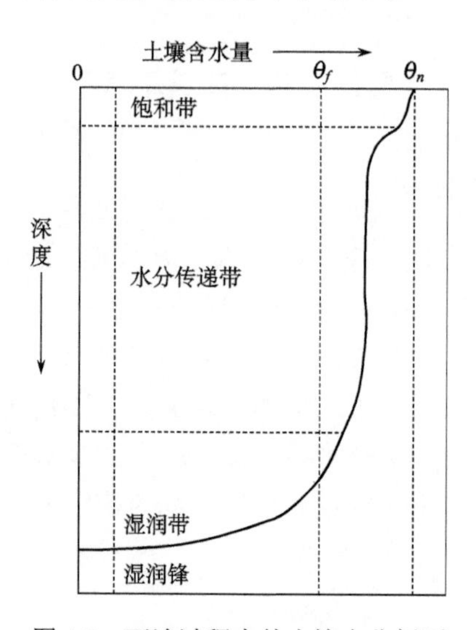

图 4.2　下渗过程中的土壤水分剖面

4.1.3　下渗时间和空间变化特征的对应分析

在渗润阶段，由于土壤含水量较小，分子力和毛管力均很大，所以此时土壤吸水能力很大，以致下渗容量很大；在渗漏阶段，土壤颗粒表面已经形成水膜，分子力几乎为零，发挥作用的主要是毛管力和重力，由于毛管力随土壤含水量增加趋于缓慢减小，所以该阶段下渗容量下渗速度趋缓；到了渗透阶段，土壤含水量才达到田间持水量以上，这时土壤下渗仅靠重力发挥作用，下渗容量为稳定下渗率。可知，在渗透阶段以前，土壤含水量一直处于增加状态，直到渗透阶段方可达到田间持水量。由图 4.2 可知，除去土表（约 1.5cm）为饱和带外，土表以下均为非饱和带，即为厚度较大的非饱和土层，且该非饱和土层的含水量沿深度上大部分能够达到田间持水量以上，仅靠近湿润锋的位置未达到田间持水量。

由此可知：①渗漏阶段和渗透阶段主要发生在非饱和土层内，渗润阶段主要发生在靠近湿润锋的位置；②饱和带仅为土表很薄的一层，且厚度稳定，下渗主要过程发生在厚度较大的非饱和土层，对流域产流产生直接和关键的影响，在产流研究中应重点分析非饱和下渗过程。

4.1.4　非均质土壤下渗

前面内容讨论了在均质土壤中下渗的时空变化特点，其过程较为简单，不能充分反映天然的真实的下渗过程。在天然流域中，土壤多为非均质，因此天然条件下的下渗过程往往更加复杂。为更好地阐明非均质土壤下渗机理，重点分析两种典型的非均质土壤的下渗特征。

1）土壤质地上层粗下层细

在此种情况下，上层土壤的饱和水力传导度大于下层土壤的饱和水力传导度。降雨开始时，下渗过程受上层土壤的控制，随着供水的持续，上层土壤达到田间持水量，湿润锋逐渐接近上下两层的交界面。到达交界面后，下渗不再受上层土壤影响，改由下层土壤控制。此时，如果下层土壤含水量在初始时即为饱和含水量，那么在交界面将形成临时积水，并随着上层供水的逐渐增加而逐渐上升，产生压力水头。如果初始时刻下层土壤是干燥的，则会出现上层土壤中的下渗速度小于下层土壤水力传导度的情况，这时在交界面不可能形成临时积水。但在天然情况下，此种情况极少发生，因为下层土壤含水量往往大于上层土壤含水量。

2）土壤质地上层细下层粗

上层土壤饱和水力传导度小于下层，因此，两层土壤交界面不会产生临时积水。同时，由于粗质地土壤总是具有较小的基模势，所以除非地面积水产生足够的静水压力，否则水分是不会从细质地向粗质地土壤运动的。因此，上层土壤的湿润锋到达交界面后将会停滞不前，直到上层积聚了足够的水头才会继续前进。

4.2　非饱和下渗理论

根据非饱和水流运动方程式可导出下渗方程：

$$\frac{\partial \theta}{\partial t}=\frac{\partial}{\partial z}\left[D(\theta)\frac{\partial \theta}{\partial z}\right]+k(\theta)\frac{\partial \theta}{\partial z} \tag{4.1}$$

$$D(\theta)=K(\theta)\frac{\mathrm{d}\psi_m}{\mathrm{d}\theta} \tag{4.2}$$

式中，θ 为土壤含水率；z 为深度；ψ_m 为基模势；$D(\theta)$ 为扩散率；t 为时间；$K(\theta)$ 为非饱和土壤的水力传导度；$k(\theta)=\mathrm{d}K(\theta)/\mathrm{d}\theta$。式（4.1）为非饱和下渗方程的

常用形式，只含一个未知函数，有唯一解。但由于它是一个非线性偏微分方程，在数学上尚无法求得其解析解，仅能概化为简化条件下的定解问题来求解，主要有以下几种求解方式。

1）忽略重力作用下的下渗方程的解

在忽略重力作用下，主要有扩散率为常数时的解、扩散率随土壤含水量单值变化的解。对应的推导出的下渗曲线的表达式分别为

$$f_p = (\theta_n - \theta_0)\sqrt{D/\pi t}^{-\frac{1}{2}} \tag{4.3}$$

$$f_p = \frac{1}{2} s t^{-\frac{1}{2}} \tag{4.4}$$

$$s = \int_{\theta_0}^{\theta_n} \eta \mathrm{d}\theta \tag{4.5}$$

式（4.3）为忽略重力作用、扩散率为常数时的下渗曲线的表达式。式（4.4）为忽略重力作用、扩散率不为常数时的下渗曲线表达式。s为土壤吸湿度，与初始土壤含水量有关。

由式（4.3）和式（4.4）可知，无论扩散率是常数还是变量，下渗容量均随时间增加而下降，且当$t \to \infty$时，$f_p \to 0$，即不存在稳定下渗率，与忽略重力作用相一致。可知，此种概化求解不能很好地反映下渗过程。

2）完全下渗方程

不忽略任何项，对完全下渗方程进行求解需要做概化。一般有以下两种：扩散率为常数且水力传导度与土壤含水量呈直线关系时的解；扩散率非常数和水力传导度与土壤含水率非直线关系时的解。对应的下渗曲线的表达式如下：

$$f_p = \frac{(\theta_n - \theta_0)k}{2}\left[\frac{\exp\left(-\frac{k^2 t}{4D}\right)}{\sqrt{\frac{k^2 \pi t}{4D}}} - \mathrm{erfc}\left(\sqrt{\frac{k^2 t}{4D}}\right)\right] - k\theta_n \tag{4.6}$$

式中，erfc（•）为余补误差函数。式（4.6）即为考虑重力作用、扩散率为常数且水力传导度与土壤含水率呈直线关系时的下渗曲线公式。

$$f_p = \frac{s}{2} t^{-\frac{1}{2}} + \left[A + k(\theta_0)\right] \tag{4.7}$$

$$s = \int_{\theta_0}^{\theta_n} f_1(\theta)\mathrm{d}\theta \tag{4.8}$$

$$A = \int_{\theta_0}^{\theta_n} f_2(\theta)\mathrm{d}\theta \tag{4.9}$$

式（4.7）即为考虑重力作用、扩散率非常数且水力传导度与土壤含水率呈非线性关系时的下渗曲线公式。

两个下渗曲线公式具有相同的特征，f_p 为随时间递减的曲线，且当 $t \to \infty$ 时，f_p 趋于一常数值 $k\theta_n$ 或 $A + k(\theta_0)$，表明，考虑重力作用的下渗过程总是存在一个稳定的下渗阶段，该阶段主要受重力作用，即存在稳定下渗率。由下渗方程推导得到的下渗曲线，虽然能够反映一定的下渗规律和下渗机理，但是也仅仅限于简单的情况，在实际的真实降雨下渗过程中未必能够得到好的计算结果。

4.3　经验下渗模型

在过去的几十年，一些水文学家通过经验途径来确定下渗曲线。通过对实际问题进行观测，得到下渗过程的全部数据，然后选配合适的线型进行拟合，并率定参数，从而得到相应的下渗曲线。以下为几种经典的经验下渗公式。

（1）科斯加柯夫（Kostiakov）公式。1931 年，科斯加柯夫率定出了下渗经验公式：

$$f_p = \sqrt{\frac{a}{2}}t^{-\frac{1}{2}} \tag{4.10}$$

该式认为在下渗过程中，下渗容量与累积下渗量 f_p 成反比，a 为比例系数。

（2）霍顿（Horton）公式。1932 年，霍顿在研究降雨产流时提出了非常著名的、国内外使用率很高的霍顿公式：

$$f_p = f_c + (f_0 - f_c)\mathrm{e}^{-kt} \tag{4.11}$$

式中，f_0 为初始下渗容量；f_c 为稳定下渗率；k 为经验参数。霍顿公式应用于水文实践中。

（3）菲利普（Philip）公式。1957 年，菲利普根据推导得到的简化下渗方程的结构形式，拟定了下渗经验曲线公式：

$$f_p = \sqrt{\frac{a}{2}}t^{-\frac{1}{2}} + f_c \tag{4.12}$$

4.4 Green-Ampt 模型

Green-Ampt 模型于 1991 年提出，是一种简化的具有物理机理的入渗模型，该模型基于毛管理论得出。其假定土壤由一束直径不相同的毛管组成，在入渗过程中湿润锋面几乎为水平，且锋面各点吸力水头均为S_m，湿润锋后土壤含水率均一不变，如图 4.3 所示。根据 Darcy 定律有

$$q=-k(\theta)J=-k(\theta)\frac{H+S_m+z}{z} \tag{4.13}$$

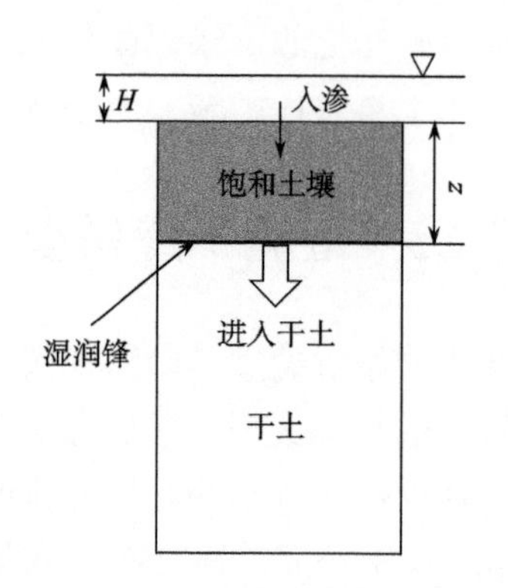

图 4.3 Green-Ampt 模型入渗示意图

该式表达的是单位时间、单位面积流入土体的水量。式中，H 为地面以上水层厚度；S_m 为锋面处土壤负压；z 为锋面推进距离。根据水量平衡原理，该式应等于土体内增加的水量$\frac{\mathrm{d}z}{\mathrm{d}t}\Delta\theta$，即

$$k(\theta_s)\frac{H+S_m+z}{z}=\frac{\mathrm{d}z}{\mathrm{d}t}\Delta\theta \tag{4.14}$$

$$\Delta\theta=\theta_s-\theta_0 \tag{4.15}$$

于是有

$$\frac{\mathrm{d}z}{\mathrm{d}t}=\frac{k(\theta_s)}{\theta_s-\theta_0}\frac{H+S_m+z}{z} \tag{4.16}$$

积分上式可得

$$z-(H+S_m)\ln\left(\frac{H+S_m+z}{H+S_m}\right)=\frac{k(\theta_s)}{\theta_s-\theta_0}t \tag{4.17}$$

因此，可得

$$t=\frac{\theta_s-\theta_0}{k(\theta_s)}\left[z-(H+S_m)\ln\left(\frac{H+S_m+z}{H+S_m}\right)\right] \tag{4.18}$$

此式为 z - t 关系式，可以求得任何时刻入渗锋面达到的位置和累积入渗量：

$$I_t=(\theta_s-\theta_0)z \tag{4.19}$$

当 H 趋近于 0 时，式（4.18）可写为

$$t=\frac{\theta_s-\theta_0}{k(\theta_s)}\left[z-S_m\ln\left(\frac{S_m+z}{S_m}\right)\right] \tag{4.20}$$

当 t 很小时，z 可略去，

$$\frac{\mathrm{d}z}{\mathrm{d}t}=\frac{k(\theta_s)}{\theta_s-\theta_0}\frac{H+S_m}{z} \tag{4.21}$$

对上式求积分，得

$$z=\sqrt{\frac{2k(\theta_s)}{\theta_s-\theta_0}(H+S_m)t} \tag{4.22}$$

某一时刻 t 的入渗总量为

$$I_t=(\theta_s-\theta_0)z=\sqrt{2k(\theta_s)(\theta_s-\theta_0)(H+S_m)t} \tag{4.23}$$

可知，湿润锋推进距离 z 和累积入渗量 I_t 均与 $\sqrt{t}$ 成正比。

入渗强度为

$$i=\frac{\mathrm{d}I}{\mathrm{d}t}=(\theta_s-\theta_0)\sqrt{\frac{k(\theta_s)(H+S_m)}{2(\theta_s-\theta_0)}}t^{-\frac{1}{2}} \tag{4.24}$$

当入渗时间很长时，$z\gg H+S_m$，$\dfrac{H+S_m+z}{z}\approx 1$，此时可得

$$i=k(\theta_s) \tag{4.25}$$

该式表明降雨时间很长的情况下，入渗强度约等于土壤饱和渗透系数。

Chu 和 Mariño（2005）基于 Green-Ampt 模型做了适当改进，建立了分层土体的入渗模型，如图 4.4 所示。

假设在降雨条件下，并忽略积水深度，土体单元可分为 N_c 层，第 j 层的坐标和饱和水力传导度分别为 Z_j 和 K_j（$j=1,2,\cdots,N_c$，假设地表 $Z_0=0$，向下为正）。在 t 时刻，雨强为 P_t，湿润锋到达第 n 层的 $z(z_{n-1}<z<z_n)$ 处时，实际入渗率为

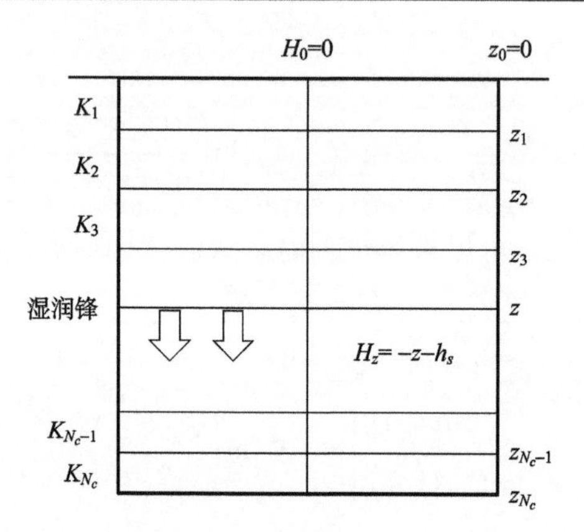

图 4.4　分层 Green-Ampt 模型示意图（Chu and Mariño, 2005）

$$i_z = \min\left(\frac{z+h_{sn}}{\sum_{j=1}^{n-1}\frac{z_j - z_{j-1}}{K_j} + \frac{z - z_{n-1}}{K_n}}, P_t\right) \tag{4.26}$$

累积下渗量为

$$I_z = \sum_{j=1}^{n-1}\left(z_j - z_{j-1}\right)\left(\theta_{sj} - \theta_{0j}\right) + \left(z - z_{n-1}\right)\left(\theta_{sn} - \theta_{0n}\right) \tag{4.27}$$

地表径流量为

$$R_t = \sum_{t=0}^{t} P_t \Delta t - I_z \tag{4.28}$$

式中，i_z 和 I_z 的单位为 cm / h；R_t 单位为 cm；z 为 t 时刻湿润锋的位置，cm；h_s 为土壤负压水头，cm；K 为饱和水力传导度，cm / h；θ_s 为饱和含水率，θ_0 为初始含水率，cm^3 / cm^3。

参 考 文 献

芮孝芳. 2004. 水文学原理[M]. 北京：中国水利水电出版社.

Chu X, Mariño M A. 2005. Determination of ponding condition and infiltration into layered soils under unsteady rainfall[J]. Journal of Hydrology, 313(3-4): 195-207.

第5章　基于联合分布的垂向蓄超组合产流模型

5.1　模型思路

垂向混合产流模型（包为民，2009）综合反映了超渗产流机制和蓄满产流机制，利用下渗能力分布曲线和蓄水容量分布曲线，分别描述下渗能力的空间不均匀性和蓄水容量的空间不均匀性。不足之处在于，在计算下渗到包气带中的水量时，计算的是全流域平均下渗量，未考虑因下渗能力不同而导致的补给到包气带中水量的差异，即单点实际下渗补给到包气带中的水量存在空间差异。因此，包气带表层和包气带内部结构之间的水量耦合未反映实际情况。本章在耦合地面超渗径流和包气带界面流产流过程时，考虑水量传递（从包气带表面向包气带内部传输）的空间非均匀性，采用基于统计分布的方法进行组合，构建基于联合分布的垂向蓄超组合产流模型。

5.2　模型结构

如图 5.1 所示，在降水过程中，蒸发首先被扣除，然后通过综合考虑地表下渗能力和土壤蓄水容量来计算产流。当净雨量（$\mathrm{PE}=P-E$）超过地面下渗能力时，产生地面径流（RS），剩余部分下渗进入土壤内；如果净雨量小于地面下渗能力，全部净雨下渗至土壤内（下渗量用 I 表示）。当达到张力水蓄水容量时，地表以下径流 X 产生，地表以下径流 X 补充自由水蓄量，然后自由水侧向出流产生壤中流 RI，向下出流产生地下径流 RG 。RS、RI 和 RG 之和即为总径流。

需要指出的是，下渗量 I 是地表以下产流过程的输入，因此可知，地表产流过程和地表以下产流过程是通过垂向入渗量 I 发生联系和相互作用的，垂向入渗量 I 是空间不均匀的。由图 5.1（b）可知，发生在地表的超渗径流过程和发生在地下的径流过程由空间不均的下渗量 I_j 连接，下渗量 I_j 由净雨量 PE 和地表点下渗能力 f 确定。

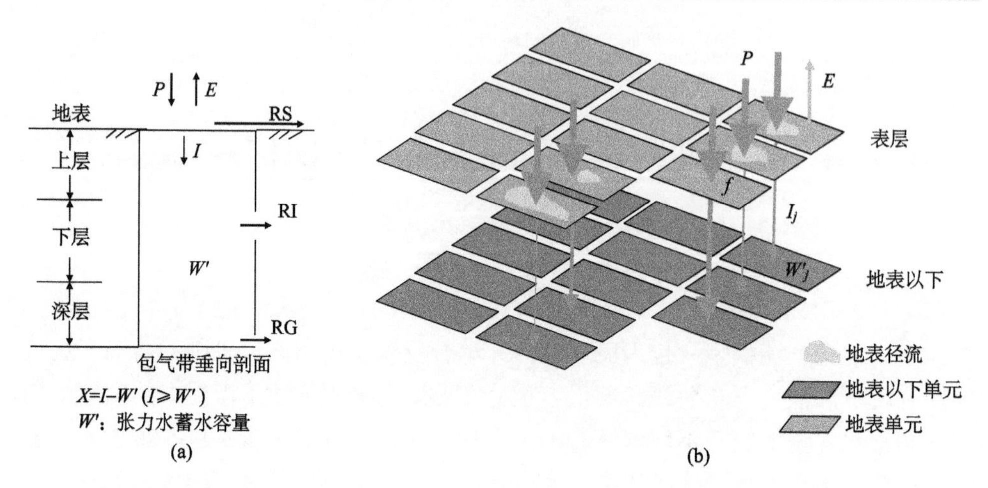

图 5.1　垂向土壤单元的概化图（a）与地表和地下径流过程的耦合示意图（b）

5.3　产 流 计 算

5.3.1　下渗公式

根据霍顿产流理论，雨强超过下渗能力的一部分滞留在地面形成地面径流，雨强小于入渗能力的那部分入渗到地表以下进入包气带土壤。

河海大学包为民教授根据土壤含水量与毛管水压力的关系，在忽略地面滞水深对下渗影响的条件下，对 Green-Ampt 下渗公式进行了改进（包为民, 1995）：

$$\mathrm{FM} = \mathrm{FC}\left(1 + \mathrm{KF}\frac{\mathrm{WM} - W}{\mathrm{WM}}\right) \tag{5.1}$$

式中，FM 为流域平均下渗能力；FC 为稳定下渗率；WM 为张力水蓄水容量；W 为土壤含水量；KF 为渗透系数，反映土壤缺水量对下渗的影响。此公式直接建立了下渗能力与土壤含水量的关系，应用起来较为方便，且能够考虑土壤含水量变化对下渗能力的影响。本模型采用该式计算流域平均下渗能力。

5.3.2　下渗能力空间分布曲线

下垫面土质、植被、土湿等因素在空间上分布不均匀，导致下渗率存在空间异质性。因此，对全流域采用同样的下渗率计算，势必带来很大误差。利用下渗能力空间分布曲线（图 5.2）可以反映下渗能力的空间不均匀性。该分布曲线可用以下公式近似表示：

$$\alpha = 1 - \left[1 - \frac{f}{\mathrm{FM}(1+\mathrm{BF})}\right]^{\mathrm{BF}} \tag{5.2}$$

式中，f 为流域单点下渗能力；FM 为流域平均下渗能力；α 为下渗率小于某一下渗能力值的面积占全流域面积的比值；BF 为需要率定的参数；$f_{\mathrm{mm}} = \mathrm{FM}(1+\mathrm{BF})$，为流域最大点下渗能力。

利用式（5.2），对 α 在 $0 \sim \mathrm{PE}$ 上进行积分，计算超渗地面径流 RS（图 5.2）。

$$\mathrm{RS} = \begin{cases} \mathrm{PE} - \mathrm{FM} + \mathrm{FM} \times \left[1 - \frac{\mathrm{PE}}{\mathrm{FM}(1+\mathrm{BF})}\right]^{1+\mathrm{BF}} & \mathrm{PE} < f_{\mathrm{mm}} \\ \mathrm{PE} - \mathrm{FM} & \mathrm{PE} \geqslant f_{\mathrm{mm}} \end{cases} \tag{5.3}$$

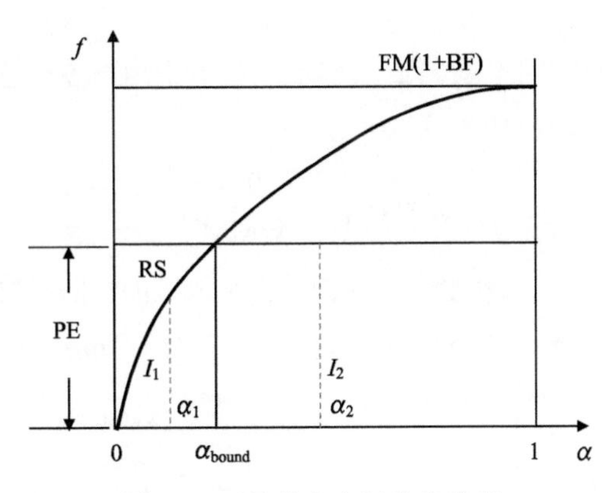

图 5.2 下渗能力空间分布曲线

5.3.3 空间不均匀下渗量计算

下渗能力分布曲线很好地反映了下垫面土壤特性等对下渗能力的影响，考虑了下渗能力的空间分布，但仍存在不足之处，其在计算下渗到包气带中的水量时，计算的是全流域平均下渗量，而未考虑因下渗能力不同而导致的补给到包气带中水量的差异，即各单点实际下渗补给到包气带中的水量存在空间差异。针对此，本书对其进行改进，在计算下渗量 I 时，将其作为空间变量，计算非均匀性条件下流域下渗。

如图 5.1（b）所示，下渗量 I 在空间是不同的。在部分区域（$\alpha_1 \in [0, \alpha_{\mathrm{bound}}]$），某一点的下渗量 I_1 取决于下渗能力[降水量（净雨）大于下渗能力]，在另一部分区域（$\alpha_2 \in [\alpha_{\mathrm{bound}}, 1]$），单点下渗量 I_2 取决于净雨量[降水量（净雨）小于下渗能力]（图 5.2）。

如果 $\mathrm{PE} < f_{\mathrm{mm}}$，$\alpha_{\mathrm{bound}} < 1$：

$$I = \begin{cases} I_1 = f_{\mathrm{mm}} \times [1-(1-\alpha_1)^{(1+\mathrm{BF})}] & \mathrm{PE} > f \\ I_2 = \mathrm{PE} & \mathrm{PE} \leqslant f \end{cases} \tag{5.4}$$

如果 $\mathrm{PE} \geqslant f_{\mathrm{mm}}$，$\alpha_{\mathrm{bound}}=1$：

$$I = \begin{cases} I_1 = f_{\mathrm{mm}} \times [1-(1-\alpha_1)^{(1+\mathrm{BF})}] \\ I_2 = 0 \end{cases} \tag{5.5}$$

式中，$\alpha_1 \in [0, \alpha_{\mathrm{bound}}]$。

5.3.4　地表以下径流计算

对于流域中某一点，根据蓄满产流理论，当土壤含水量达到张力水蓄水容量时产流。为描述流域空间不均匀蓄水容量，这里采用新安江模型中的张力水蓄水容量曲线（Zhao, 1992），如图 5.3 所示。

$$\beta = 1-\left(1-\frac{W'}{\mathrm{WMM}}\right)^B \tag{5.6}$$

式中，β 为小于或等于某一蓄水容量的面积占总流域面积的比值；W' 为流域包气带土壤单点蓄水容量，mm；WMM 为最大点蓄水容量，mm；B 是曲线的指数。

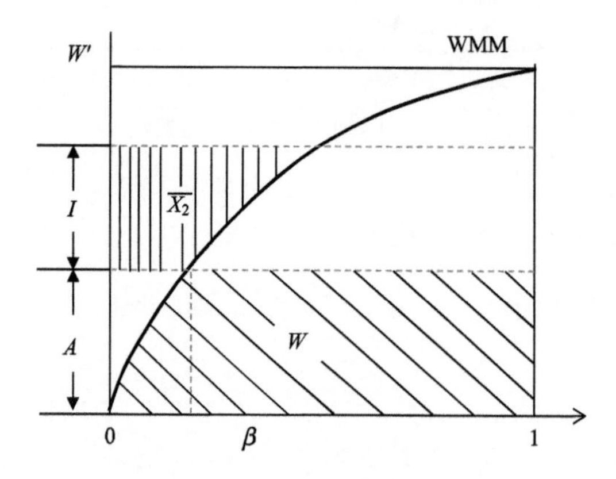

图 5.3　蓄水容量空间分布曲线

I 为下渗量；$\overline{X_2}$ 为地表以下产流量；A 为初始土壤含水量 W 对应的纵轴坐标值

根据蓄满产流理论，产流可以描述为

$$I \geqslant W' \tag{5.7}$$

如图 5.1（b）所示，流域某一点地表以下产流量可以描述为

$$X = I_j - W_j' \quad (I_j \geqslant W_j') \tag{5.8}$$

由于 I_j 和 W_j' 都由空间分布曲线描述，缺乏点对点的值，因此，难以求得某一点的地表以下产流量 X。本书中，采用统计分布的方法求解地表以下产流量。根据概率论，可以推导出，事件 $\{I \geqslant W'\}$ 的概率恰好是产流面积占全流域面积的比例，而概率 $P(X \leqslant x)$ 正好是概率分布 $F(x)$，根据统计学理论，地表以下产流量的概率分布可以描述为

$$F(x) = \iint\limits_{\Omega: i-w' \leqslant x, i \geqslant w'} f(i, w') \mathrm{d}i \mathrm{d}w' \tag{5.9}$$

式中，$f(i, w')$ 是变量 I 和 W' 的联合概率密度；Ω 是积分域。通常情况下，I 和 W' 没有明确的相关关系，因此，可以假设 I 和 W' 是相互独立的，即 $f(i,w')=f_i(i) \cdot f_{w'}(w')$。式（5.9）可以写为

$$F(x) = \iint\limits_{\Omega: i-w' \leqslant x, i \geqslant w'} f_i(i) \cdot f_{w'}(w') \mathrm{d}i \mathrm{d}w' \tag{5.10}$$

对上式求微分，得到 $f(x)$，然后求期望，即为地表以下产流量：

$$E(X) = \int_0^I X \cdot f(x) \mathrm{d}x \tag{5.11}$$

但是，由于式（5.10）难以积分求得解析解，本书中提出一种简单可行的数值解法对其进行求解。

第一步：对变量 I 和 W' 进行随机抽样（比如抽样 1000 次）。对图 5.2 中的 α_1 均匀抽样 1000 次，然后根据式（5.4）即可得到对应 1000 个点的下渗量 I_1。同样地，按照此方法对 β 抽样，根据式（5.6）可以得到 1000 个 W'。

第二步：根据蓄满产流理论，得到地表以下产流量，即 $X = I - W'$，对负值用 0 代替，从而得到非负变量 X。

第三步：计算平均的地表以下产流量 $\overline{X}$。需要指出的是，此处的 $\overline{X}$ 是区域（$\alpha_1 \in [0, \alpha_{\text{bound}}]$，下渗能力小于净雨）的产流量。因此，该部分区域的平均产流量可以表示为 $\overline{X_1} \times \alpha_{\text{bound}}$。

平均土壤含水量变化可表示为

$$\overline{W_{1t}} = \overline{I_1} + \overline{W_{t-1}} - \overline{X_1} \tag{5.12}$$

对于另一部分面积（$\alpha_2 \in (\alpha_{\text{bound}}, 1]$，下渗能力大于净雨），可以在蓄水容量曲线上积分得出

$$\overline{X_2}=\begin{cases} I_2+W-\mathrm{WM}+\mathrm{WM}\times\left(1-\dfrac{I_2+A}{\mathrm{WMM}}\right)^{B+1} & I_2+A\leqslant \mathrm{WMM} \\ I_2+W-\mathrm{WM} & I_2+A>\mathrm{WMM} \end{cases} \tag{5.13}$$

对应的该面积的平均土壤含水量变化为

$$\overline{W_{2t}}=\overline{I_2}+\overline{W_{t-1}}-\overline{X_2} \tag{5.14}$$

全流域平均产流量 $\overline{X}$ 和平均土壤含水量变化可以由下式计算：

$$\overline{X}=\overline{X_1}\times\alpha_{\mathrm{bound}}+\overline{X_2}\times(1-\alpha_{\mathrm{bound}}) \tag{5.15}$$

$$\overline{W_t}=\overline{W_{1t}}\times\alpha_{\mathrm{bound}}+\overline{W_{2t}}\times(1-\alpha_{\mathrm{bound}}) \tag{5.16}$$

$\overline{X}$ 补充自由蓄水量 S，侧向出流形成壤中流 RI，向下出流产生地下径流 RG：

$$S_t=\overline{X}+S_{t-1} \tag{5.17}$$

$$\mathrm{RI}=\mathrm{KI}\times S \tag{5.18}$$

$$\mathrm{RG}=\mathrm{KG}\times S \tag{5.19}$$

式中，KI 和 KG 是壤中流和地下径流出流参数。

上述内容为基于联合分布的垂向蓄超组合产流模型。配合汇流模型和蒸散发模型，可以集成水文模型，对半湿润半干旱流域水文过程进行模拟。地表径流、壤中流和地下径流可以采用线性水库法进行汇流计算，河道汇流采用马斯京根法计算。蒸散发可以采用三层蒸散发模型进行计算。

5.4　模 型 参 数

表 5.1 展示了模型参数的物理意义和取值区间。

表 5.1　模型参数意义和取值区间

参数	参数意义	取值区间
KC	蒸散发折算系数	0.1～2.0
UM	上层张力水蓄水容量	30～150
LM	下层张力水蓄水容量	30～150
WM	流域平均张力水蓄水容量	200～500
C	深层蒸散系数	0.01～0.2
FC	稳渗率	10～40

续表

参数	参数意义	取值区间
KF	渗透系数	1.0～40
BF	下渗能力分布曲线的指数	0.1～1.0
B	蓄水容量分布曲线的指数	0.1～1.0
KI	壤中流出流系数	0.1～0.8
KG	地下水径流出流系数	KI+KG=0.8
CS	地面径流消退系数	0.0～0.99
CI	壤中流消退系数	0.5～0.999
CG	地下水消退系数	0.95～0.999
KE	马斯京根法参数/h	0～5
XE	马斯京根法参数	0～0.5

5.5　数值解抽样数设置

本章建立的模型重点考虑半湿润半干旱区产流和汇流的特点，建立基于双变量联合分布的地表以下产流求解方法，针对联合分布解析解求解困难的问题，建立方便实用的基于蒙特卡罗随机抽样的数值解法。在此数值计算中，对于中小河流，抽样量 n 可以取值在 200～1000 之间，具体视情况而定。太小会影响精度，不足以反映空间的不均匀性，太大会影响计算效率，耗时较长。

5.6　应 用 实 例

5.6.1　研究区介绍

选择紫荆关流域（图 5.4）进行模型的验证和应用。流域内有 12 处气象站，包括雀儿林、插箭岭、艾河村、斜山、石门、狮子峪、胡子峪、团圆村、王安镇、东团堡、乌龙沟、平顶山等站点。流域内有一个出口流量站——紫荆关水文站。流域内表层岩石风化严重，植被覆盖较差，仅局部小块地区成林，水土流失普遍（陈伏龙等, 2010）。多年平均温度为 9.6℃，最高温度为 38.5℃，最低温度为 –21.6℃。

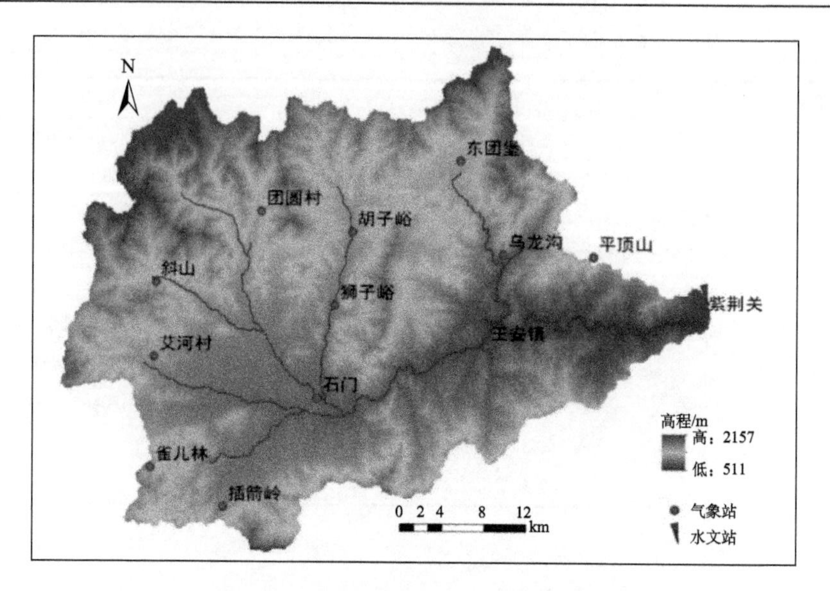

图 5.4　紫荆关流域水系及站点分布图

洪水主要产自汛期暴雨，洪水陡涨陡落，断面冲淤现象严重，导致河道断面形状经常发生变化，水位流量关系较不稳定（李绍飞等, 2012）。历史上，该流域发生多次较为严重的洪水灾害，威胁人民生命财产安全和社会经济健康持续发展。历史（1963 年）最高实测水位为 523.20m，最大洪峰流量为 4490m³/s（李绍飞等, 2012）。历史调查数据显示，1917 年流域最高水位 524.77m，高于 1963 年的实测最高水位。紫荆关会同阜平、七峡、司仓一带为大清河水系的暴雨中心。

紫荆关水文站基上 1500m 是“五一渠”渠首，建成于 1958 年，用于从紫荆关河道引水到安各庄水库，经河北到北京，承担供水任务。引水量相较于汛期洪量而言非常小，根据河北省水文局防汛经验，在洪水模拟和预报时，可以将其忽略不计。在河道上游，易县紫荆关镇小盘石村建有小盘石水电站一座，于 2011 年建成。

5.6.2　模拟率定和验证

采用 1971～2012 年的共 19 场洪水的摘录数据（小时）率定和验证模型，其中 11 场用来率定，另外 8 场用来验证。采用 SCE-UA（Duan et al., 1993）算法对模型参数（表 5.1）和状态变量（WU, WL, WD）进行优化。在半湿润半干旱区，降雨径流过程较为复杂，难以使洪峰流量、洪水总量、峰现时间误差、确定性系数等同时达到最好，考虑洪峰和洪水过程的重要性，本书中目标函数采用洪峰相对误差和确定性系数的组合形式，由于洪峰更为重要，给予其更高的权重。

$$mu = 2 \times QE + (1 - DC) \tag{5.20}$$

式中，QE 为洪峰的平均误差；DC 为确定性系数。mu 值越低，模拟效果越好。该目标函数能够使模型产生较好的洪峰和洪水过程线。

5.6.3　结果分析

率定的模型参数见表 5.2。率定期和验证期模拟结果见表 5.3，部分场次洪水过程线见图 5.5。根据水情预报规范[《水文情报预报规范》(SL 250—2000)]，

表 5.2　参数取值

参数	取值	参数	取值
KC	0.98	*B*	0.93
UM	102	KI	0.63
LM	149	KG	0.17
WM	350	CS	0.89
C	0.17	CI	0.94
FC	25.2	CG	0.998
KF	2.12	KE	3
BF	0.40	XE	0.5

表 5.3　率定期和验证期模拟结果

时期	洪水事件	径流深			洪峰			峰现时间误差/h	确定性系数（DC）
		观测值/mm	模拟值/mm	相对误差/%	观测值/（m³/s）	模拟值/（m³/s）	相对误差/%		
率定期	710814	1.37	1.53	11.61	42.80	42.77	−0.07	1	0.64
	730819	21.40	20.80	−2.82	402.00	348.13	−13.40	1	0.52
	740731	8.95	13.60	***51.95***	309.00	299.21	−3.17	−1	0.36
	760717	11.05	9.57	−13.40	108.00	120.53	11.61	2	0.87
	770702	3.21	3.72	15.83	53.60	53.60	0.00	0	0.77
	780825	54.95	54.61	−0.62	428.00	357.95	−16.37	−2	0.69
	790814	23.90	21.76	−8.93	245.00	238.66	−2.59	0	0.93
	860703	4.27	9.09	***112.93***	102.00	100.42	−1.55	2	−0.12
	870818	0.69	2.34	237.71	64.90	64.94	0.06	***4***	−2.81
	880801	8.60	7.68	−10.63	175.00	179.81	2.75	−2	0.88
	940706	1.20	2.98	148.81	114.00	113.33	−0.59	−3	−1.07

续表

时期	洪水事件	径流深			洪峰			峰现时间误差/h	确定性系数（DC）
		观测值/mm	模拟值/mm	相对误差/%	观测值/（m³/s）	模拟值/（m³/s）	相对误差/%		
验证期	950722	9.43	7.68	–18.56	94.20	94.20	0.00	–2	0.58
	960727	100.11	113.48	13.35	731.00	731.00	0.00	0	0.86
	970702	1.63	3.56	118.74	163.00	163.00	0.00	–1	–1.17
	980704	4.50	7.81	***73.39***	121.00	173.19	***43.13***	0	–0.80
	000703	16.21	19.30	19.10	253.00	258.34	2.11	–2	0.55
	010620	0.85	1.28	51.20	48.00	49.08	2.25	–3	–0.84
	040810	16.29	17.11	5.04	150.60	150.60	0.00	2	0.81
	120721	39.97	54.17	***35.54***	2130.00	1749.20	–17.88	0	0.81

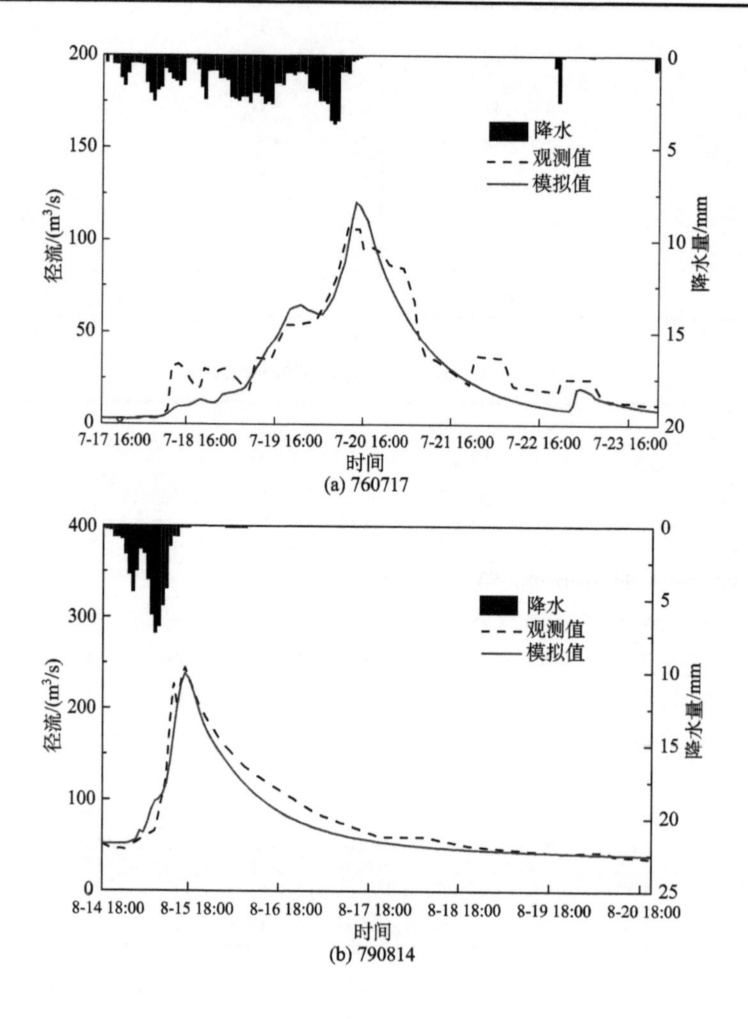

(a) 760717

(b) 790814

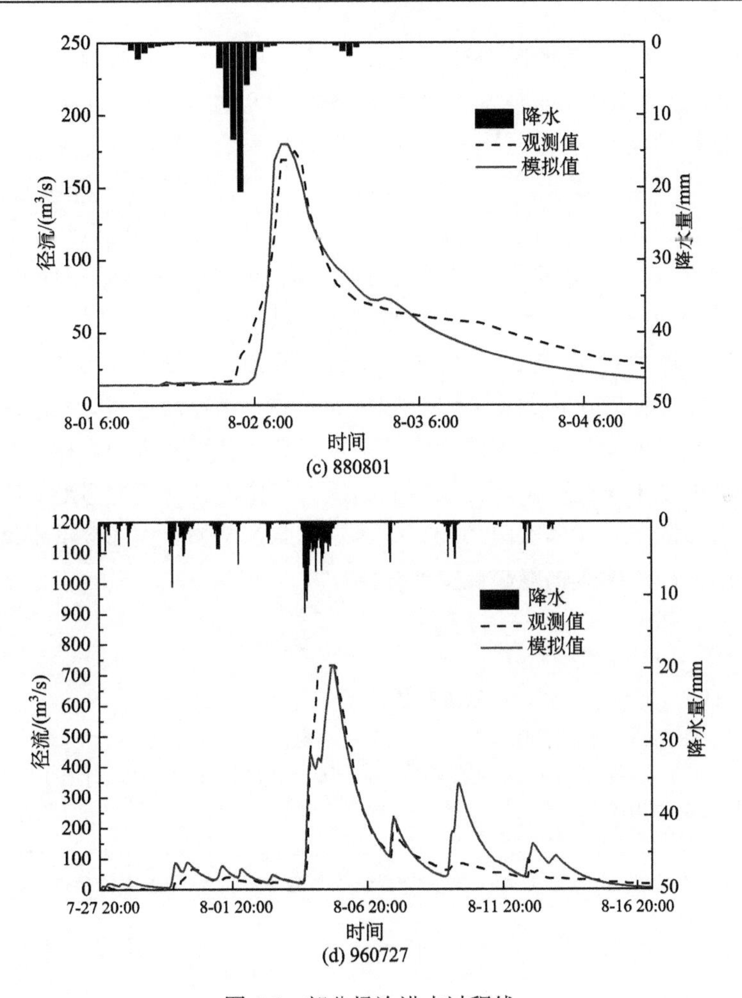

图 5.5　部分场次洪水过程线

径流深预报以实测值的 20%作为许可误差，当该值大于 20mm 时，取 20mm；当小于 3mm 时，取 3mm。洪峰预报以实测洪峰流量的 20%作为许可误差。峰现时间以预报根据时间至实测洪峰出现时间之间时距的 30%作为许可误差，当许可误差小于 3h 或一个计算时段长，则以 3h 或一个计算时段长作为许可误差。各预报项目超过允许误差的模拟值用斜体和黑体描述，如表 5.3 所示。

从表 5.3 可知，除了“980704”洪峰相对误差在允许误差之外，其他所有场次的洪峰均模拟较好，在允许误差之内，洪峰合格率在 94.74%。径流深的模拟效果不如洪峰模拟效果好，合格率为 78.95%，这可能由于目标函数侧重对洪峰的模拟，缺乏对洪量误差的约束。峰现时间的模拟效果也较好，合格率为 94.73%。根据水情预报规范[《水文情报预报规范》(SL 250—2000)]，预报项目平均合格率为 89.48%(洪峰合格率 94.74%，径流深合格率 78.95%，峰现时间合格率 94.73%)，达到甲级预报精度。另外，从表 5.3 中的确定性系数可知，并非所有的洪水过程都达到了良好的模拟效果。这可能是因为，目标函数的设置更利于减小洪峰误差，而非洪水过程线。此外，由于半干旱区的洪峰陡涨陡落、历时较短，峰现时间的预报稍有误差(在许可误差内)，洪峰流量前后几个时段预报流量的误差就会很大，确定性系数便会降低。因此，对于防汛而言，洪峰流量的预报尤为重要，必须保证其精度。实际上，在一些半湿润半干旱区，降雨径流过程较为复杂，很难实现准确预报。按《水文情报预报规范》，以洪水总量、洪峰流量和洪峰出现时间三要素的合格率最高或者洪水过程的确定性系数最高为参数率定的目标函数。但在类似河北这样的半干旱区，确定性系数的高低不能作为评价模型标准的唯一依据，只可做参考(陈玉林和韩家田, 2003)。尽管如此，本书中大部分洪水过程模拟较好，对于防洪减灾决策仍能起到重要作用。

参 考 文 献

包为民. 1995. 黄土地区流域水沙模拟概念模型与应用[M]. 南京: 河海大学出版社.

包为民. 2009. 水文预报. 4 版[M]. 北京: 中国水利水电出版社.

陈伏龙, 王京, 杨广, 等. 2010. 紫荆关流域降雨径流变化趋势的分析[J]. 石河子大学学报(自然科学版), 28(1): 101-105.

陈玉林, 韩家田. 2003. 半干旱地区洪水预报的若干问题[J]. 水科学进展, 14(5): 612-616.

李绍飞, 余萍, 孙书洪. 2012. 紫荆关流域洪水径流过程变化及影响因素分析[J]. 武汉大学学报(工学版), 45(2): 166-170, 176.

水利部水利信息中心. 2000. 水文情报预报规范 SL 250—2000[S]. 北京: 中国水利水电出版社: 13-15.

Duan Q Y, Gupta V K, Sorooshian S. 1993. Shuffled complex evolution approach for effective and efficient global minimization[J]. Journal of Optimization Theory and Applications, 76(3): 501-521.

Zhao R J. 1992. The Xinanjiang model applied in China[J]. Journal of Hydrology, 135(1-4): 371-381.

第6章　基于变动产流层结构的产流模型

6.1　模型思路

受温带季风影响，华北地区的降雨过程差异性显著，包气带水分条件时空差异性明显，产流机制复杂多变，降雨-径流关系呈现高度非线性的特征（李致家等，2012）。受气候变化及人类活动影响，降雨特征（雨量、雨强、雨型、历时）、包气带结构和水分特征发生新的变化，进一步改变了流域水文循环过程（夏军, 2003; Cosandey et al., 2005; 张建云等, 2013），表现在以下方面：①一般降水条件下，产流量减少：在部分区域，包气带增厚，土壤缺水量增大，蒸散发强度加剧，产流量显著减少，部分河流甚至出现断流现象（张建云等, 2008; 宋献方等, 2007）。②高强度集中降水条件下，产生暴雨径流：由于包气带厚、异质性强（林丹, 2014），包气带缺水量大，土壤水和地下水间的水力关系弱化，地下径流减少，超渗地面径流和局部饱和径流（产生于地面和相对不透水层界面的局部饱和带）占主导，在遭遇高强度集中降雨时，极易形成突发型洪水。径流过程的改变（地面径流和壤中流占主导，浅层地下水径流弱化），导致流域汇流时间短、成洪快、退水快。③连续场次降水条件下，出现近似湿润区的产流特征：如果前期有较大降水，包气带土壤缺水量不大，再次遭遇降水过程时，产流量明显增多，部分区域出现以包气带蓄满为特征的地下径流过程。④长历时不均匀降水条件下，多种径流组分交替出现：如果前期无降水过程，土壤缺水量大，长历时不均匀的降水过程可使流域出现超渗地面产流、饱和地面径流、壤中流、地下径流等多种产流机制的径流组分。

通常情况下，由于包气带厚、缺水量大，包气带土壤难蓄满，产流过程仅发生在地表至地下某一深度的上层包气带（产流层）。但是，产流层的发展变化受降水和土壤水分条件的影响，在极端天气条件下，产流层在垂向上呈现较大的分异性（可仅集中在包气带表层，也可发展至整个包气带），孕育了复杂多变的产流机制和径流组分；同时，受地形地貌影响，产流层在横向上也呈现较大的空间不均匀性。产流层显著的空间不均匀性（垂向和横向），导致流域不均匀产流问题更加突出。华北半湿润半干旱区以产流层动态变化为特征的产流过程，明显异于湿润区以包气带蓄满为特征的蓄满产流过程，也不同于干旱区以超过下渗率为特征的地表超渗产流过程。因此，“超渗产流”和“蓄满产流”模式在半湿润半干旱区的应用效果差强人意。

本书提出“变动产流层”概念，建立基于变动产流层结构的产流模型，从而描述区域产流层的动态变化和复杂产流过程。

6.2 模型结构

如图 6.1 所示，包气带土壤的垂向异质性一般较大，存在相对不透水层，为相对不透水层界面流的产生提供了条件。这些径流组分产生于靠近地表一侧的产流作用层内[图 6.1（a）]，而非整个包气带。本书认为，产流过程发生在产流作用层内[图 6.1（b）]。降水过程中，蒸发（E）首先被扣除，然后通过对比土壤含水量和产流作用层的蓄水能力来判断产流。净雨（$P-E$）下渗，逐渐使每一层土壤相继蓄满，直至湿润锋达到某一个深度γ，$0\sim\gamma$深度范围内即为可变产流作

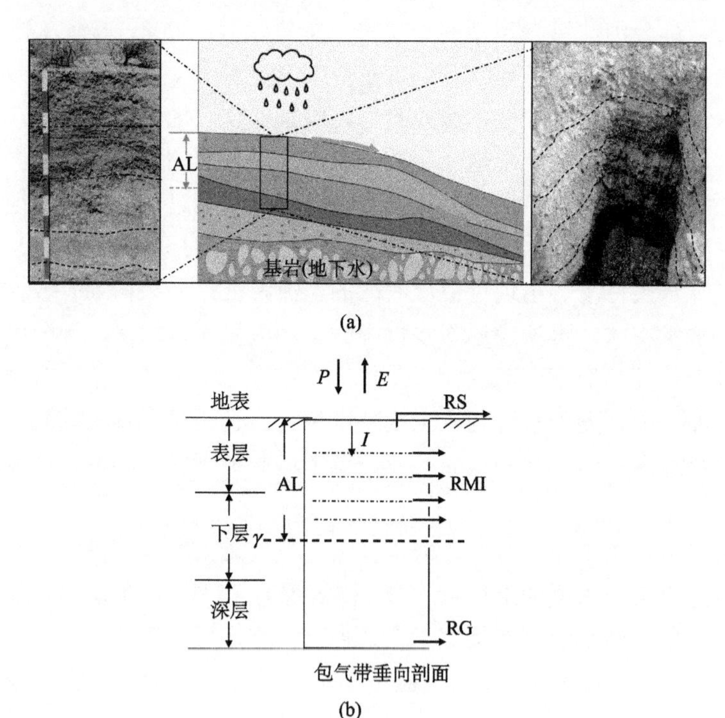

图 6.1　山坡单元包气带土壤剖面及垂向局部产流示意图（AL：可变产流作用层）（a）和垂向单元产流结构概化图（b）

用层。饱和地面径流（RS）和多层壤中流（RMI）产生于产流作用层。如果包气带底部能够蓄满，产生地下径流 RG，否则无地下径流产生。可知，控制产流量的是产流作用层的蓄水能力，而非整个包气带的土壤蓄水能力。产流作用层对应的蓄水容量，可以定义为“相对蓄水容量”。因此，如果能够识别每场降雨径流过程的产流作用层深 γ 和其对应的相对蓄水容量 RW，即可计算产流量。

6.3 产 流 计 算

6.3.1 相对蓄水容量垂向分布

针对研究区广泛存在多层界面流（壤中流）的产流特点，以及未蓄满条件下包气带内产流识别的难题，对包气带垂向结构进行概化，通过设定合理的分层结构，为多层界面流（壤中流）的产流计算提供结构基础。

如图 6.2（a)，假设其为微分土柱，微分土柱无穷小，微分土柱内横向均一。

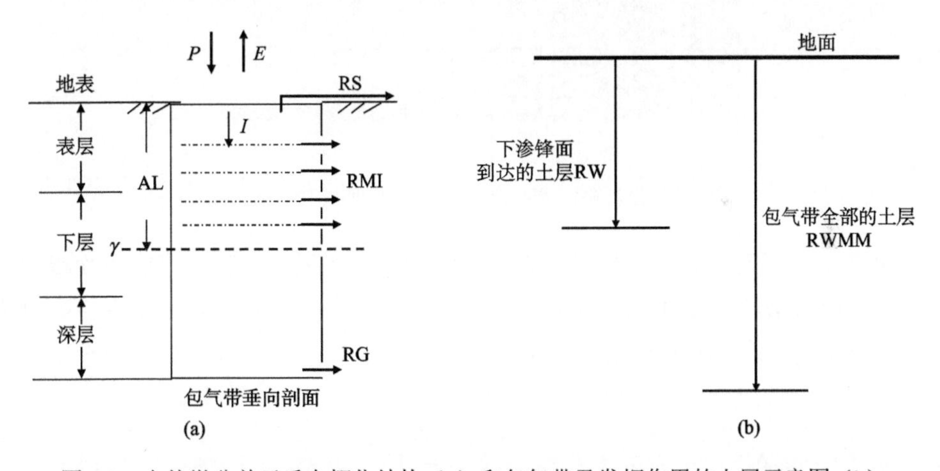

图 6.2　土体微分单元垂向概化结构（a）和包气带及发挥作用的土层示意图（b）

假设 1：所有产流发生在界面上，表层代表包气带表面，饱和地面径流发生在此层。下层为包气带内部，假设分为 n 层，每层厚度和 n 的具体值难以确定，无明显规律，随空间变化显著，因此是随机的 n 层。这些分层界面上产生的界面流在一定条件下出流即形成壤中流 RI 。

假设 2：每层先满足张力水蓄水容量，再产生自由水，从上往下逐层蓄满，此处所指的蓄满是该层蓄满（因不是整个包气带蓄满，可定义为“层次蓄满”或“相对蓄满”）。此处，定义“相对蓄水容量”概念，相对蓄水容量—— RW 在垂向上是个变量，$RW = \{RW_1, RW_{1-2}, RW_{1-3}, \cdots, RW_{1-n}\}$。倘若湿润锋仅到达第一层，或者说仅第一层土层发挥“门槛”的作用，那么相对蓄水容量为RW_1，如果水量能够达到第二层，那么第二层和第一层同时发挥“门槛”的作用，相对蓄水容量为RW_{1-2}，即第一层和第二层的和，依此类推。

可知，第一层发挥“门槛”作用的概率最大，第二层次之，第三层次于第二层，依此类推，最底下一层最小。湿润锋一般很难达到最底层，在一些土层极厚、地下水埋藏很深的半湿润半干旱区，下渗锋面永远也达不到地下水面[图 6.2（b）]，相对蓄满发生层次的概率密度示意图如图 6.3 所示，可假设其大概符合指数分布（图 6.4）。

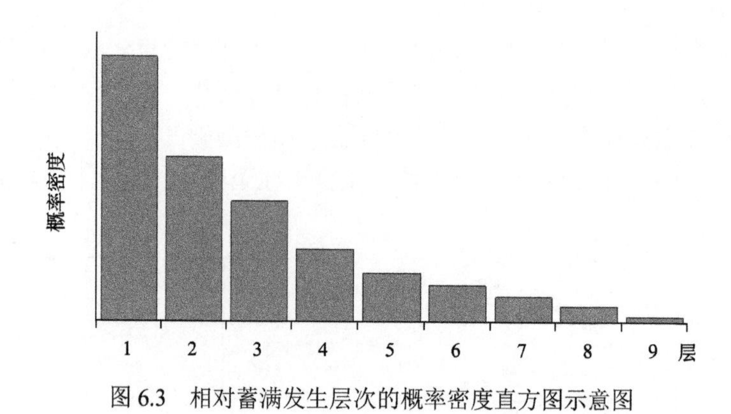

图 6.3　相对蓄满发生层次的概率密度直方图示意图

由 6.4（a）可知，概率密度 f 随层数 n 增加而递减，又知深度随层次增加而增加，为单增函数，因此可知概率密度 f 随深度增加而减小，呈递减关系，可假设其符合指数分布[图 6.4（b）]。对其进行积分，即可得到相对蓄满发生深度的

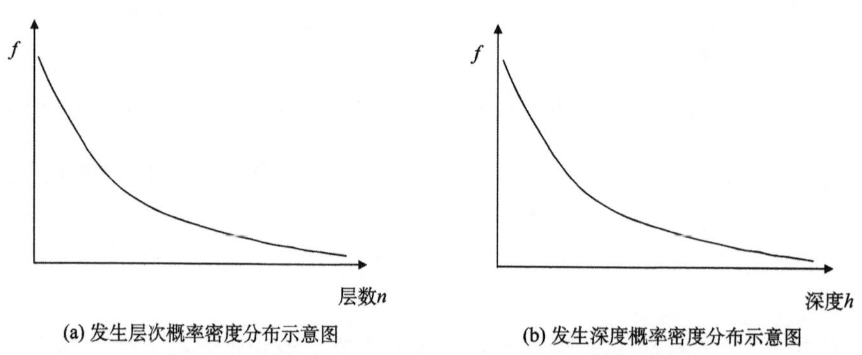

图 6.4　相对蓄满发生层次和深度的概率密度示意图

概率分布图（图 6.5）。该图表示流域上小于某深度 h 的土壤达到蓄满所占的概率（深度比）。至此可知，相对蓄水容量服从某种分布。

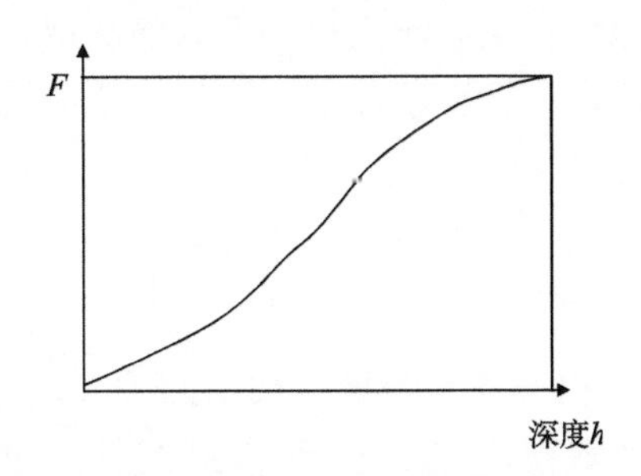

图 6.5　相对蓄满发生深度的概率分布图

由包气带特征分析可知，在垂向上土壤质地从上到下大致呈现从粗到细的规律。例如，淋溶土，B 层与 A 层黏粒含量之比为 1.2，从上到下黏粒含量随深度增加，通透性减小，土壤持水能力相应增加，即蓄水容量增加。因此，可以构造“相对蓄水容量深度分布曲线”，即相对蓄水容量在垂向深度上的分布，以反映相对蓄水容量在垂向上随深度的变化。当垂向上全部为均质土壤时，蓄水容量随深度增加呈线性变化（关系为直线，增长率为常数）。在上述非均质土壤质地情况下，相对蓄水容量随深度增加而增加，且增长率呈增大趋势，可以理解为指数型增长或二项式增长，为方便计算，假设其为指数增长，即相对蓄水容量随深度以指数函数的形式增大（图 6.6）。纵轴为深度比，向下为正，横轴为相对蓄水容量，向右为正。

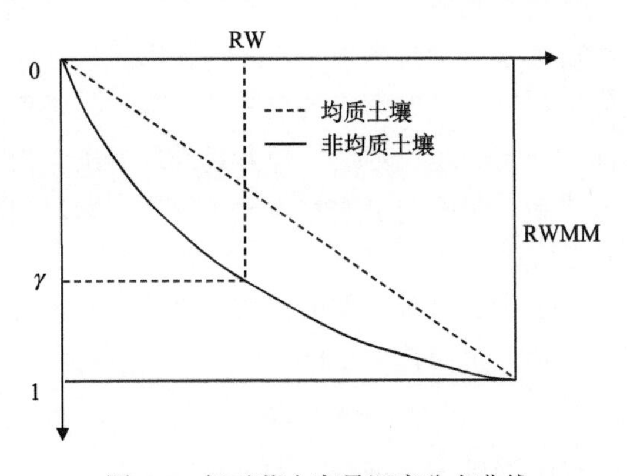

图 6.6　相对蓄水容量深度分布曲线

在图 6.6 中，曲线上的点代表深度比与相对蓄水容量的对应关系。小于蓄水容量RW（深度小于等于γ）的土层为湿润锋到达的土层，或者说水量能够渗到的土层，可以理解为产流作用层。超过持水能力的那部分面积（用相对蓄水容量面积分布曲线表示）产流，在一定条件下出流形成壤中流。相对蓄水容量深度分布曲线为

$$\gamma = 1 - \left(1 - \frac{\mathrm{RW}}{\mathrm{RWMM}}\right)^{b} \tag{6.1}$$

式中，RW 为流域平均的相对蓄水容量，根据此式（曲线），可分析下渗水量到达的深度、对应的相对蓄水容量，当到达最深处，即包气带完全蓄满时，$\mathrm{RW}=\mathrm{RWMM}$，RWMM 为流域平均最大相对蓄水容量，即整个包气带土层的蓄水容量[图 6.2（b）]。根据此式，还可确定相对蓄水容量对应的概率γ（也是产流层深度比）。利用式（6.1）可计算出产流作用层的相对蓄水容量。b 为反映包气带垂向异质性的参数；γ 为湿润锋能够到达的深度占包气带全土层厚度的比。

$$\mathrm{RW} = \left[1 - (1-\gamma)^{\frac{1}{b}}\right] \times \mathrm{RWMM} \tag{6.2}$$

式（6.2）的作用可以理解为在包气带厚的区域，虽然下渗不能使整个包气带蓄满，但依据从上往下依次蓄满的假设，可以找到相对蓄满发生的深度和对应的相对蓄水容量。进一步解释为包气带很厚的地方，虽然达不到包气带土壤完全蓄满，但会蓄满一定的深度。而且，在这样的深度内，因为相对不透水层的存在而产生界面流，仍然符合超过田间持水量而产生蓄满流的机理。不同的是，此处为相对不透水界面上土层达到相对蓄满而产生的超持界面流（超过田间持水量），而非土壤完全蓄满。因此，相对蓄水容量深度分布曲线的作用可以形象地理解为在垂向上找到流域包气带土层发挥“门槛”作用的深度及对应的相对蓄水容量。

相对蓄水容量深度分布曲线也可换一种方式推理得出：相对蓄水容量的大小与深度有关，设RW为包气带垂向上的相对蓄水容量（即达到某一层次或深度时具有的蓄水容量，到达基岩或者地下水位即为完全蓄水容量），γ 为相对蓄水容量小于等于 RW 的深度占整个包气带深度的比例，则γ 与 RW 存在正变函数关系，即 RW 增大时γ 也增大，这个函数可记作

$$\gamma = F(\mathrm{RW}) \tag{6.3}$$

若令$\varphi(\mathrm{RW})$为$F(\mathrm{RW})$的微分曲线，即

$$\varphi(\mathrm{RW}) = \frac{\mathrm{d}F(\mathrm{RW})}{\mathrm{dRW}} \tag{6.4}$$

于是有

$$F(\mathrm{RW})=\int_0^{\mathrm{RW}}\varphi(\mathrm{RW})\mathrm{dRW} \tag{6.5}$$

$$F(\infty)=\int_0^{\infty}\varphi(\mathrm{RW})\mathrm{dRW}=1 \tag{6.6}$$

为求出相对蓄水容量深度分配曲线 $F(\mathrm{RW})$ 及其微分曲线 $\varphi(\mathrm{RW})$ 的具体函数形式，最简单的方法是使用 $\varphi(\mathrm{RW})$ 与 $\left[1-F(\mathrm{RW})\right]$ 成正比这一假设。此时有

$$\varphi(\mathrm{RW})=k\left[1-F(\mathrm{RW})\right] \tag{6.7}$$

或

$$\mathrm{d}F(RW)=k\left[1-F(\mathrm{RW})\right]\mathrm{dRW} \tag{6.8}$$

积分上式，得

$$F(\mathrm{RW})=1-\mathrm{e}^{-k\mathrm{RW}}+d \tag{6.9}$$

$$\varphi(\mathrm{RW})=k\mathrm{e}^{-k\mathrm{RW}} \tag{6.10}$$

式中，k 为比例常数；d 为接近于 0 的正常数。可知，上式符合图 6.6 的形状。式（6.9）也可替代式（6.1），作为相对蓄水容量深度分布曲线的第二种形式。

6.3.2　相对蓄水容量空间分布

水平方向上的蓄水容量用蓄水容量面积分配曲线（Zhao, 1992）计算

$$\beta=1-\left[1-\frac{W'}{\mathrm{WM}\times(1+B)}\right]^B \tag{6.11}$$

式中，W' 为流域包气带土壤单点蓄水容量；WM 为流域平均蓄水容量。在半湿润半干旱区，很少有包气带蓄满的情况出现，该式并不适用，不符合物理意义。本书对其进行改进，在产流作用层内构建相对蓄水容量面积分布曲线，如图 6.7 所示。

$$\beta=1-\left[1-\frac{\mathrm{rw}'}{\mathrm{RW}\times(1+B)}\right]^B \tag{6.12}$$

式中，β 为产流面积比；rw' 为单点相对蓄水容量；RW 为流域平均相对蓄水容量；B 为相对蓄水容量面积分配曲线的指数。相对蓄水容量面积分布曲线如图 6.7 所示。

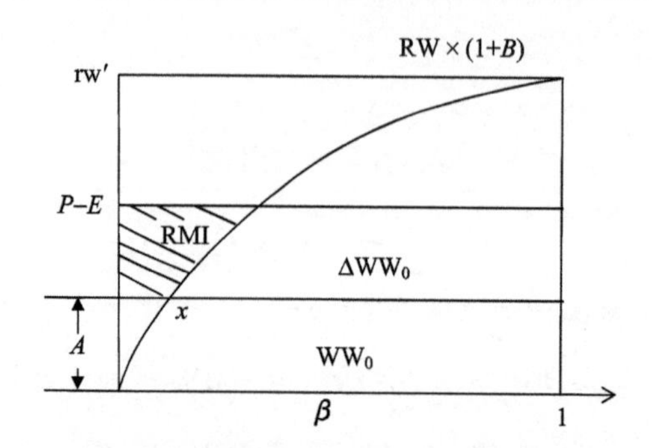

图 6.7　相对蓄水容量面积分布曲线

WW_0 为初始土壤含水量；ΔWW_0 为土壤含水量的变化值

综上所述，通过建立垂向上的相对蓄水容量深度分布曲线，可以识别产流作用层的位置（深度），并确定对应的相对蓄水容量，其为流域平均相对蓄水容量。然后建立考虑相对蓄水容量空间不均匀性的面积分布，这样就能够合理地表征包气带产流作用层相对蓄水容量在水平方向和垂直方向上的不均匀性，并利用蓄满产流理论计算地表以下的产流量。即通过相对蓄水容量深度和面积分布，可以解决半湿润半干旱区包气带非蓄满条件下的包气带界面流的计算难题。

相对蓄水容量深度和面积分布的作用可以归结为：①在空间上找到包气带内界面流产流的判别依据，为非蓄满条件下包气带界面流的计算难题提供科学途径；②能更好刻画下垫面土壤缺水量和产流能力在水平方向和垂直方向的非均匀性。

6.3.3　产流计算

产流计算步骤如下：

1）确定流域平均相对蓄水容量（RW）

相对蓄水容量发挥“门槛”作用，用于判断产流与否。每场降雨洪水过程的流域平均 RW 采用式（6.2）计算：

$$\mathrm{RW}=\left[1-\left(1-\gamma\right)^{\frac{1}{b}}\right]\times \mathrm{RWMM}$$

式中，γ 通过率定得出，每场洪水对应一个 γ 值；b 为曲线的指数，通过率定得出。

2）确定相对蓄水容量（rw′）的空间分布

得到流域平均相对蓄水容量 RW 后，根据式（6.12）得到点相对蓄水容量 rw′ 的空间分布曲线。然后利用相对蓄水容量（rw′）的空间分布曲线（图 6.7），进行产流计算。

第一种情况：当降水量超过蒸发量时，如果 $P-E+A<\mathrm{RW}\times(1+B)$，则

$$\mathrm{RMI}=P-E-(\mathrm{RW}-\mathrm{WW}_0)+\mathrm{RW}\times\left(1-\frac{P-E+A}{\mathrm{RW}\times(1+B)}\right)^{(1+B)} \tag{6.13}$$

否则，$\mathrm{RMI}=P-E-(\mathrm{RW}-\mathrm{WW}_0)$，$\mathrm{WW}_0$ 为初始土壤含水量。

第二种情况：当蒸发量超过降水量时，不产生径流，产流作用层内的土壤水分减少。

3）水源划分

产流层总产流量RMI可以分为两个部分，一部分溢出地表面，形成地面径流RS；另一部分继续留在土壤中，可以用RI表示。尽管包气带缺水量通常较大，相对于湿润区而言，难以蓄满，但在缺水量不大的部分区域，仍存在地下径流（RG）。地下径流（RG）通常不会产生，直到产流面积上的土壤含水量达到田间持水量。

借鉴自由水蓄水容量曲线（Zhao, 1992）进行水源划分，需要指出的是，假设产流作用层内单点自由水蓄水容量（S′MAL）服从式（6.14）中的曲线：

$$\left(1-\frac{f}{\mathrm{FR}}\right)=\left(1-\frac{\mathrm{S'MAL}}{\mathrm{MSAL}}\right)^{\mathrm{EX}} \tag{6.14}$$

式中，MSAL 为流域单点最大的自由水蓄水容量，mm，$\mathrm{MSAL}=\mathrm{SMAL}\times(\mathrm{EX}+1)$，EX 为流域自由水蓄水容量-面积分配曲线的方次指数；f 为产流层自由水蓄水量大于自由水蓄水容量的面积；FR 为产流面积。

如果 $\mathrm{BU}+P-E<\mathrm{MSAL}$，

$$\mathrm{RS}=\mathrm{FR}\times\left[P-E-(\mathrm{SMAL}-S)+\mathrm{SMAL}\times\left(1-\frac{P-E+\mathrm{BU}}{\mathrm{MSAL}}\right)^{\mathrm{EX}+1}\right] \tag{6.15}$$

否则，

$$\mathrm{RS}=\mathrm{FR}\times\left[P-E-(\mathrm{SMAL}-S)\right] \tag{6.16}$$

式中，SMAL 为流域产流作用层平均自由水蓄水容量；BU 为对应的初始自由水量 S 在自由水蓄水容量曲线中的纵轴值。产流作用层平均自由水蓄水容量SMAL可以根据本书中提出的相对蓄水容量垂向分布曲线进行计算：

$$\mathrm{SMAL}=\left[1-(1-\gamma)^{\frac{1}{b}}\right]\times\mathrm{SM} \tag{6.17}$$

式中，γ 意义同前文，每场洪水的 γ 可作为状态变量，在模型中进行率定；SM 为包气带流域平均自由水蓄水容量，需在模型中率定。

产流层总产流量 RMI 扣除地面径流后，剩余部分补充自由水（S），即

$$S_t = S_{t-1} + \Delta S \tag{6.18}$$

壤中流和地下径流分别为

$$\mathrm{RI} = \mathrm{FR} \times \mathrm{KI} \times S \tag{6.19}$$

$$\mathrm{RG} = \mathrm{FR} \times \mathrm{KG} \times S \tag{6.20}$$

式中，KI 和 KG 分别为壤中流和地下径流的出流系数，在模型中参与率定。

6.4 汇流计算

坡面汇流计算采用线性水库法，河道汇流计算采用马斯京根法。

6.4.1 线性水库法

线性水库法由水量平衡方程和蓄泄关系联立求解得出

$$\begin{cases} I - Q = \dfrac{\mathrm{d}W}{\mathrm{d}t} \\ W = k \times Q \end{cases} \tag{6.21}$$

式中，I 为水库入流量；Q 为出流量；W 为水库蓄水量；k 为蓄泄常数，反映径流的平均汇集时间。由上式联立求解，即可得出线性水库演算方程：

$$Q_t = C \times Q_{t-1} + (1 - C) \times R_t \times U \tag{6.22}$$

式中，R_t 为净雨深（径流深）；C 为消退系数；U 为单位折算系数，$U = \dfrac{F(\mathrm{km}^2)}{3.6\Delta t(\mathrm{h})}$。

利用线性水库法对坡面径流进行汇流计算。

地表径流汇流

$$\mathrm{QS}_t = \mathrm{CS} \times \mathrm{QS}_{t-1} + (1 - \mathrm{CS}) \times \mathrm{RS}_t \times U \tag{6.23}$$

式中，QS 为地表径流，$\mathrm{m^3/s}$；CS 为地面径流消退系数；RS 为地表径流量，mm。

壤中水径流汇流

$$\mathrm{QI}_t = \mathrm{CI} \times \mathrm{QI}_{t-1} + (1 - \mathrm{CI}) \times \mathrm{RI}_t \times U \tag{6.24}$$

式中，QI 为壤中水径流，$\mathrm{m^3/s}$；CI 为壤中流消退系数；RI 为壤中流径流量，mm。

地下水径流汇流

$$\mathrm{QG}_t = \mathrm{CG} \times \mathrm{QG}_{t-1} + (1-\mathrm{CG}) \times \mathrm{RG}_t \times U \tag{6.25}$$

式中，QG 为地下水径流，m³/s；CG 为地下水径流消退系数；RG 为地下水径流量，mm。

总径流量

$$\mathrm{QT}_t - \mathrm{QS}_t + \mathrm{QI}_t + \mathrm{QG}_t \tag{6.26}$$

6.4.2　马斯京根法

根据水量平衡式和马斯京根槽蓄方程式，对上一时刻和这一时刻差分求解，得到马斯京根流量演算方程式。

槽蓄方程式

$$W = K \times \left[xI + (1-x)Q \right] \tag{6.27}$$

水量平衡方程式

$$I - Q = \frac{\mathrm{d}W}{\mathrm{d}t} \tag{6.28}$$

马斯京根流量演算方程式

$$Q_t = C_0 I_t + C_1 I_{t-1} + C_2 Q_{t-1} \tag{6.29}$$

式中，$C_0 = \dfrac{0.5\Delta t - Kx}{0.5\Delta t + K - Kx}$，$C_1 = \dfrac{0.5\Delta t + Kx}{0.5\Delta t + K - Kx}$，$C_2 = \dfrac{-0.5\Delta t + K - Kx}{0.5\Delta t + K - Kx}$。

6.5　应 用 实 例

采用河南的修武流域（图 6.8）对模型进行验证。修武流域是漳卫南河（37 700km²）流域的子流域，控制水文站为修武站，流域面积为 1287km²。漳卫南河位于海河流域的南部。修武流域年平均降水量约为 608mm，年平均气温为 14℃，超过 50%的降水量集中在夏季的 7 月和 8 月，流域历史上发生多次洪水。修武流域的径流系数较小，约为 0.05～0.23。

6.5.1　模拟率定和验证

采用 30 场洪水的摘录数据（小时）来率定和验证模型，其中 20 场用来率定，10 场用来验证。采用 SCE-UA（Duan et al., 1993）算法对模型参数和状态变量（WU, WL,WD）进行优化。目标函数采用洪峰相对误差、径流深相对误差和确定性系数的组合形式，考虑洪峰的重要性，给予其更高的权重

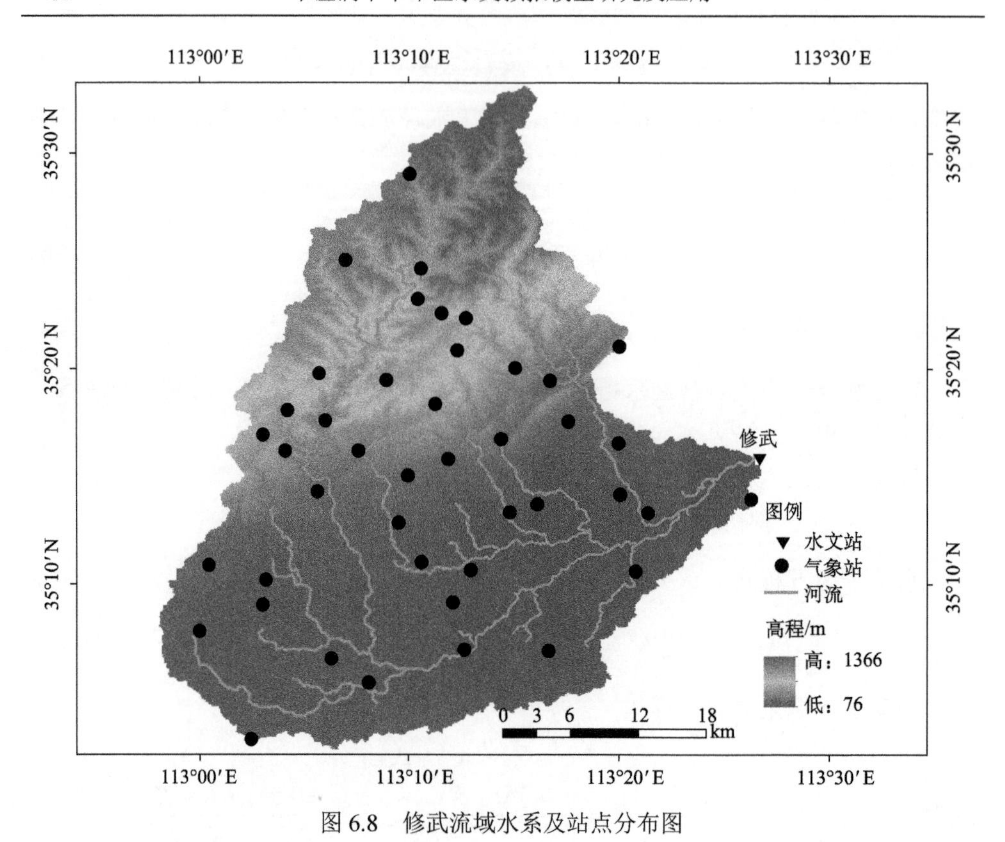

图 6.8　修武流域水系及站点分布图

$$\text{mu}=2\times \text{QE}+\text{RE}+\left(1-R^2\right) \tag{6.30}$$

式中，QE 为洪峰的平均误差；RE 为径流深；R^2 为确定性系数。mu 值越低，模拟效果越好。

6.5.2　结果分析

模型参数见表 6.1。率定期和验证期模拟结果见表 6.2，部分场次洪水过程线见图 6.9。根据水情预报规范[《水文情报预报规范》（SL 250—2000）]，径流深预报以实测值的 20%作为许可误差，当该值大于 20mm 时，取 20mm；当小于 3mm 时，取 3mm。洪峰预报以实测洪峰流量的 20%作为许可误差。峰现时间以预报根据时间至实测洪峰出现时间之间时距的 30%作为许可误差，当许可误差小于 3h 或一个计算时段长，则以 3h 或一个计算时段长作为许可误差。各预报项目超过允许误差的模拟值用斜体和黑体描述，如表 6.2 所示。

表 6.1　修武流域模型参数优化值

参数	取值	参数	取值
KC	1.99	KI	0.71
UM	77	KG	0.09
LM	64	CS	0.96
C	0.12	CI	0.98
b	1.20	CG	0.99
B	0.27	KE	1.0
SM	27	XE	0.0
EX	1.23		

表 6.2　率定期和验证期模拟结果

时期	洪水事件	径流深			洪峰			确定性系数（DC）
		观测值/mm	模拟值/mm	相对误差/%	观测值/（m^3/s）	模拟值/（m^3/s）	相对误差/%	
率定期	670710	3.38	3.31	−1.96	9.73	9.73	0.00	0.55
	670909	4.84	5.11	5.70	40.30	40.30	0.00	0.53
	680720	4.48	5.23	16.70	27.80	27.80	0.00	0.62
	690920	13.05	11.65	−10.72	23.30	23.30	0.00	0.50
	700723	10.07	11.86	17.83	70.50	70.50	0.00	0.77
	700728	17.39	18.44	6.04	90.00	81.37	−9.59	0.56
	700805	8.58	10.06	17.23	51.60	51.60	0.00	0.71
	720831	13.02	12.38	−4.92	67.50	67.50	−0.01	0.65
	730630	6.62	6.96	5.16	45.90	45.90	0.00	0.75
	730718	6.91	8.37	21.05	46.30	46.30	0.00	0.52
	740806	13.79	12.56	−8.97	58.30	58.34	0.07	0.92
	750707	6.63	7.87	18.69	42.80	42.80	0.00	0.75
	750804	15.39	18.18	18.13	69.60	69.54	−0.09	0.83
	760717	27.08	26.01	−3.95	126.00	126.00	0.00	0.81
	760805	14.40	14.52	0.85	68.90	68.90	0.00	0.89
	760817	1.65	1.90	15.20	17.70	17.70	0.00	0.20
	760820	24.21	24.61	1.62	51.90	51.90	0.00	0.84
	770624	10.30	11.92	15.75	72.29	72.29	−0.01	0.56
验证期	770710	7.48	7.80	4.35	65.11	65.11	0.01	0.93
	770725	23.13	25.48	10.18	74.46	74.46	−2.41	0.76
	770821	24.55	24.41	−0.57	86.27	86.27	−4.68	0.65
	780701	7.71	8.33	8.02	31.70	31.70	0.00	0.75

续表

时期	洪水事件	径流深			洪峰			确定性系数（DC）
		观测值/mm	模拟值/mm	相对误差/%	观测值/（m^3/s）	模拟值/（m^3/s）	相对误差/%	
验证期	780727	8.38	10.29	22.70	63.99	63.99	–0.02	0.66
	820731	25.64	25.59	–0.19	90.48	90.48	–0.02	0.67
	820809	18.12	***22.03***	***21.55***	77.53	77.53	–2.24	0.48
	830907	9.30	9.29	–0.10	51.20	51.20	0.00	0.55
	850913	8.38	9.19	9.64	42.80	42.80	0.00	0.65
	880729	19.48	16.23	–16.68	79.12	79.12	0.16	0.52
	960802	37.02	37.12	0.28	150.30	150.30	2.25	0.77
	000714	17.84	***22.50***	***26.12***	110.86	110.86	–8.38	0.69

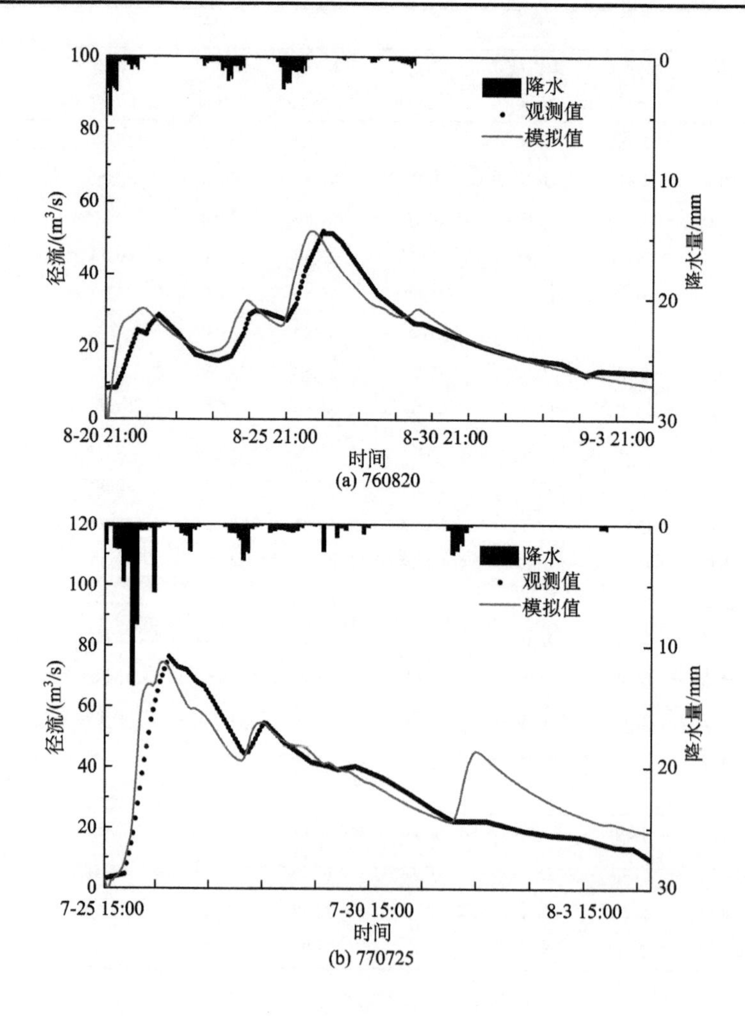

(a) 760820

(b) 770725

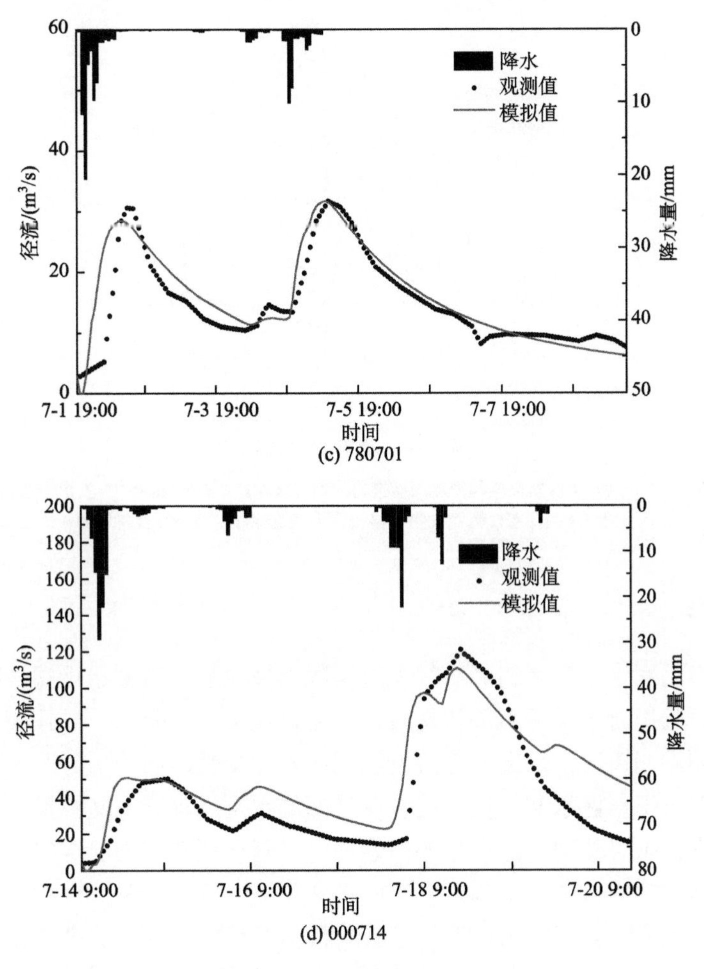

图 6.9　部分场次洪水过程线

模拟结果显示，洪峰模拟值的相对误差较小，所有的相对误差均在允许误差范围内，径流深模拟结果也较好，仅有两场洪水的径流深超过允许误差。如图 6.10 所示，洪峰模拟的均方根误差（RMSE-P）为 0.03，径流深模拟的均方根误差（RMSE-R）为 0.13。30 场洪水的平均确定性系数为 0.67。确定性系数和均方根误差表明，模型能够较好模拟流域的洪峰、径流深和洪水过程，特别是洪峰。根据水情预报规范，率定期的径流深预报合格率（RQR）为 100%，验证期的合格率为 83.33%，全部场次合格率为 93.33%；洪峰预报合格率（RQP）在率定期和验证期均为 100%。预报项目（RQ）合格率为 96.67%。

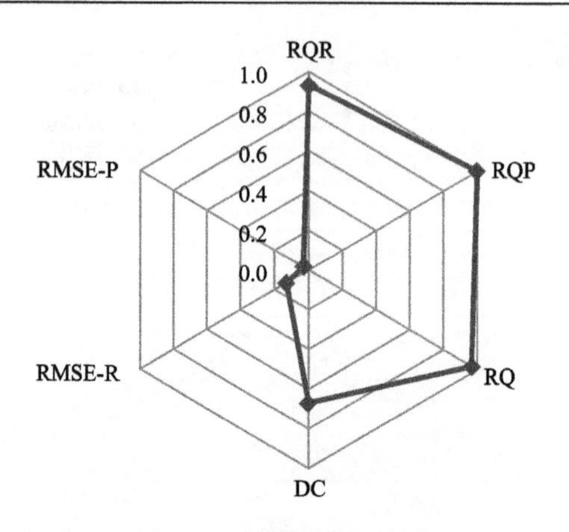

图 6.10　模型效能雷达图

RMSE-P 和 RMSE-R 分别是洪峰模拟值和径流深模拟值的均方根误差；RQR 和 RQP 分别为径流深预报合格率和洪峰预报合格率；RQ 为总预报合格率，为径流深和洪峰预报合格率的平均值

6.5.3　讨论

由于半湿润半干旱区的降雨径流过程稳态性较差，当遭遇极端情况时，如长历时降水、长历时干旱无雨等状态时，产流特性会发生变化，导致模型参数不适用。长时间湿润情况，水文特性接近湿润区水文特性，而长历时干旱情况，会使产流特性近乎干旱区水文特性。此种非稳态的水文过程给水文模拟和预报带来挑战。本书提出了“变动产流层”的概念，以及基于变动产流层结构的产流模式。可以将其理解为提供了一个判别产流的可变阈值，即一个变化的“门槛”。变动产流层深度对应变动蓄水容量，使模型具有模拟非稳态条件下的产流模拟的能力。

通过建立变动产流层垂向上的相对蓄水容量深度分布曲线，可以识别产流作用层的位置（深度），并确定对应的相对蓄水容量。然后建立考虑相对蓄水容量空间不均匀性的面积分布，综合表征包气带产流作用层相对蓄水容量在水平方向和垂直方向上的不均匀性，并利用蓄满产流理论计算地表以下产流量。换言之，通过相对蓄水容量深度和面积分布，可解决半湿润半干旱区包气带非蓄满条件下界面流的产流计算难题。

相对蓄水容量深度和面积分布的作用可以归结为：①在空间上找到包气带内界面流产流的判别依据，为非蓄满条件下包气带界面流的计算难题提供科学途径；②更好地刻画下垫面土壤缺水量和产流能力在水平方向和垂直方向的非均匀性。

参 考 文 献

李致家, 于莎莎, 李巧玲, 等. 2012. 降雨-径流关系的区域规律[J]. 河海大学学报(自然科学版), 40(6): 597-604.

林丹. 2014. 包气带变化及其对地下水补给的影响[D]. 北京: 中国地质大学.

宋献方, 李发东, 刘昌明, 等. 2007. 太行山区水循环及其对华北平原地下水的补给[J]. 自然资源学报, 22(3): 398-408.

夏军. 2003. 华北地区水循环与水资源安全: 问题与挑战(二)[J]. 海河水利, (4): 1-3.

张建云, 贺瑞敏, 齐晶, 等. 2013. 关于中国北方水资源问题的再认识[J]. 水科学进展, 24(3): 303-310.

张建云, 王金星, 李岩, 等. 2008. 近 50 年我国主要江河径流变化[J]. 中国水利, (2): 31-34.

Cosandey C, Andréassian V, Martin C, et al. 2005. The hydrological impact of the mediterranean forest: a review of French research[J]. Journal of Hydrology, 301(1-4): 235-249.

Duan Q Y, Gupta V K, Sorooshian S. 1993. Shuffled complex evolution approach for effective and efficient global minimization[J]. Journal of Optimization Theory and Applications, 76(3): 501-521.

Zhao R J. 1992. The Xinanjiang model applied in China[J]. Journal of Hydrology, 135(1-4): 371-381.

第7章　基于变动产流层结构和蓄超产流模式的水文模型

7.1　模型研究思路

实践表明，在一般的半湿润区，新安江模型能够满足生产应用的需求。但在半干旱区和缺水量大的半湿润区，如海河流域和老哈河流域，新安江模型和陕北模型均不能很好地模拟降雨径流过程，亟须研究建立适合于半湿润半干旱区的水文模型。

半湿润半干旱地区包气带发育，降雨往往难以使其蓄满。虽然包气带难以蓄满，但并不能排除壤中水径流的存在，因为包气带土壤具有分层节理特点，往往在透水性和下渗能力不同的交界面形成界面流，在一定条件下出流形成壤中流。该类地区的降雨主要发生在雨季，雨强大，地面径流对洪水贡献很大。因此，对于包气带较厚的区域，流域洪水的主要成分是地面径流和壤中流，洪水过程线具有陡涨陡落的特点。而对于缺水量不大的半湿润地区，如果前期土壤含水量较大，也形成地下径流，此时洪水过程线退水阶段将会延长。此外，由于地下水埋深大、坡面和河道均较为干涸，存在一定程度的二次下渗现象，已经成为径流的水量，在汇集的过程中仍继续下渗，补给包气带缺水量和地下水，导致径流发生损失。半湿润半干旱区的气候特点和下垫面特点，决定了特殊的产流和汇流特征，从而要求模型应具备区别于湿润区和干旱区模型的新结构：①能够反映多介质包气带垂向异质性大的特征，能够科学概化相对不透水层，具备模拟非蓄满条件下包气带界面流产流过程的能力；②具备模拟超渗地面径流、壤中流、地下径流的能力，即需要具备组合产流计算能力；③具备模拟汇流过程中径流衰减的能力。

本章重点开展三个方面的研究：①考虑研究区包气带厚和垂向异质性大的特征，在解析包气带垂向分布特征的基础上建立合理的垂向概化结构，提出相对蓄水容量的概念，建立相对蓄水容量垂向深度分布函数，构建基于相对蓄水容量深度和面积分布的非蓄满条件下包气带界面流计算模式。②针对半湿润半干旱区产流组分复杂的特点，考虑相对不透水界面流和水量传递的空间非均匀性，建立基于下渗传递量的包气带表层和包气带内部过程的耦合方法及蓄超组合产流模式。③针对研究区汇流过程中存在的衰减效应，建立考虑洪水衰减过程的计算方法。

7.2 模型结构

图7.1为模型流程图。模型结构分为四个层次（表7.1）：

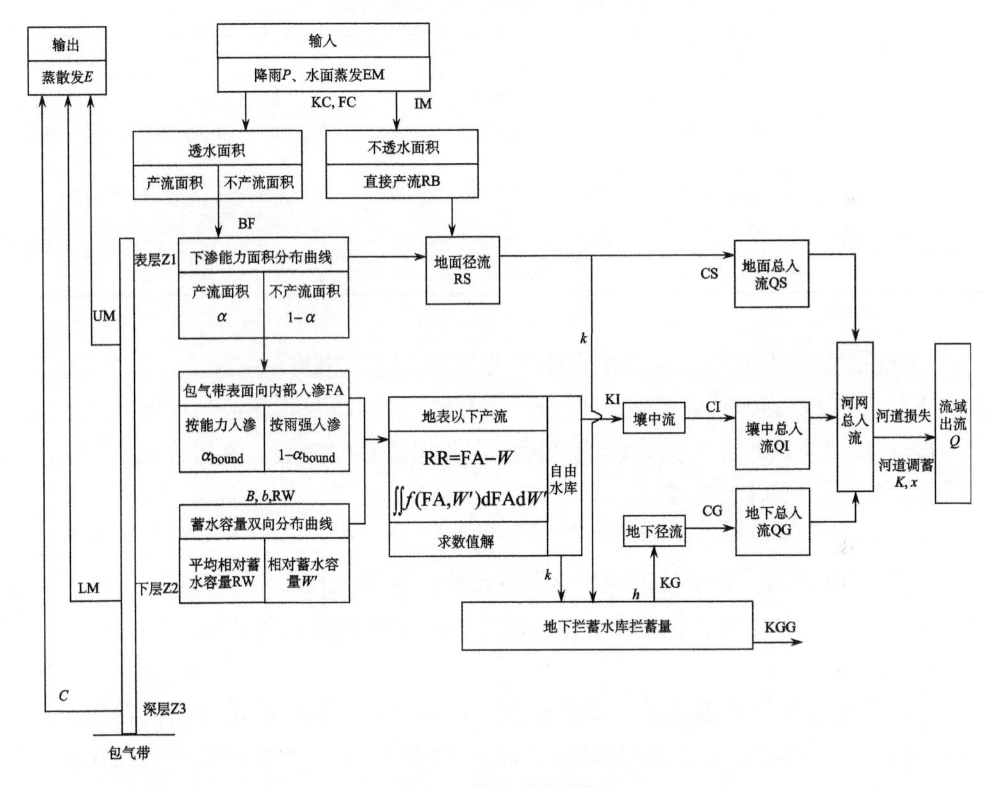

图7.1　模型流程图

第一层为蒸散发计算，采用三层模型进行计算。先进行蒸发计算，扣除蒸发后的降雨量参与产流计算。

第二层为产流计算，分以下几个步骤：①利用下渗能力空间分布曲线，根据下渗能力和降雨强度的大小关系判别超渗地面径流，然后生成考虑空间异质性的下渗补给量FA的空间变量。②利用相对蓄水容量深度分布曲线$\gamma = F(\mathrm{RW})$和相对蓄水容量面积曲线$\beta = F(W')$，确定流域相对蓄水容量W'空间变量。③利用下渗补给量FA和蓄水容量W'的相互关系，判别流域地表以下产流量RR 。

第三层为坡面径流损失计算和水源划分：将地表径流RS和壤中相对不透水层界面流RR以比例 *k* 补给地下虚拟拦蓄水库。扣除损失的自由水按一定系数出流形成壤中流。超过地下虚拟拦蓄水库拦蓄阈值的部分按系数出流形成地下径流。

第四层为汇流计算：坡面汇流采用线性水库法计算，河道汇流采用考虑沿程损失的马斯京根汇流计算方法。

表 7.1　模型层次、功能结构、计算方法和参数

层次	功能	方法	参数
第一层次	蒸散发计算	三层模型	KC、UM、LM、*C*
第二层次	产流计算	组合产流	IM、FC、KF、BF、RWMM、γ、*b*、*B*
第三层次	坡面径流损失计算和水源划分	比例系数	*k*、*h*、KI、KG、KGG
第四层次	汇流计算	线性水库/考虑洪水衰减的“二次下渗”和调洪计算	CS、CI、CG、*K*、*x*

参数物理意义如下[部分参数介绍参考（包为民，2009）]：

KC：蒸散发能力折算系数，作用在于将蒸发皿的蒸发量转换为流域的蒸散发能力。在日过程模拟中，其为影响产流量重要和敏感的参数，控制着水量平衡，对日过程产流计算十分重要。

UM：上层张力水蓄水容量，包括植被截留量。在植被和土壤发育较差的流域，其值可取小些；如果植被和土壤发育较好，可取大些。

LM：下层张力水蓄水容量。在半湿润半干旱区其值一般较大，根据实际情况或率定选取。

C：深层蒸散发扩散系数。其值取决于流域内深根植物的覆盖面积。目前对该值尚缺乏深入研究。根据现有经验，在北方半湿润半干旱地区 *C* 值大概在 0.09～0.25 之间。

IM：不透水面积占全流域面积的比例。可以通过 GIS 等现代技术测量出来。在天然流域，该值一般为 0.01～0.02，随着人类活动影响加剧和城镇化建设进程的推进，该值有增大的趋势。

FC：稳定下渗率，在北方半湿润半干旱区可取 10～30mm/d、1～4mm/h。

KF：渗透系数，反映土壤缺水量对下渗的影响。

BF：下渗能力分布曲线指数，取值在 0～1。

RWMM：包气带垂向上的相对蓄水容量的最大值，即包气带全土层的蓄水容量。该值与 *b* 和 γ 一起，用来确定作用层的相对蓄水容量 RW。

b：相对蓄水容量深度分布曲线指数，取值大于 1，反映包气带垂向异质性，可理解为蓄水能力随深度增加的能力，若 b=1，表示在垂直方向上包气带蓄水能力随深度呈线性变化，即包气带为垂向均质的。

γ：湿润锋到达的深度（产流作用层深度）占全土层深度的比例，取值在 0～1。

B：相对蓄水容量面积分布曲线指数，取值在 0～1。

k: 向地下拦蓄水库补给的比例系数，取值在 0～1，与包气带和地下水缺水量程度有关，如河北地区的某些流域，河道常年不过水的流域，该值往往较大。

h：地下拦蓄水库拦蓄量的阈值，超过该阈值方可有地下水径流产生，在包气带缺水很大的流域，该值往往较大，需要率定得出。

KI：壤中流出流系数，反映土层的横向渗透性。

KG：地下水径流出流系数。

KGG：地下虚拟拦蓄水库拦蓄水量的消退（排泄）系数，该值往往较小。

CS：地面径流消退系数。可根据洪峰流量与退水段的第一个拐点（地面径流终止点）之间的退水段流量过程来分析确定。但由于这部分退水流量只是以地面径流为主，可能还包括一定比例壤中流形成的流量，因此，具体值还要通过模型模拟来检验。

CI：壤中流消退系数。若无壤中流则为 0，若壤中流丰富则为 0.9，半湿润半干旱区壤中流一般不容忽视，在不同的前期气候和下垫面条件下而发生的洪水，壤中流比例差别较大，因此 CI 值还要经过模型模拟来检验和确定。

CG：地下水消退系数。可根据枯季地下径流的退水规律来推求，$\mathrm{CG}=Q_{t+\Delta t}/Q_t$。不同地区、不同流域该值变化较大。

K 和 x：马斯京根法参数，K 为蓄量流量关系曲线的坡度，可视为常数；x 为流量比重系数。K 和 x 取值决定于河道特征和水力特性。

7.2.1　蒸散发计算

参考新安江模型的三层蒸发模型（赵人俊, 1984），将包气带土壤在垂直方向上分为三层，用三层蒸散发模型计算蒸散发量。主要参数包括：流域平均张力水容量 WM（mm），上层张力水容量 UM（mm），下层张力水容量 LM（mm），深层张力水容量 DM（mm），蒸散发折算系数 KC 和深层蒸散发扩散系数 C，计算公式为

$$\mathrm{WM}=\mathrm{UM}+\mathrm{LM}+\mathrm{DM} \tag{7.1}$$

$$W=\mathrm{WU}+\mathrm{WL}+\mathrm{WD} \tag{7.2}$$

$$E = \mathrm{EU} + \mathrm{EL} + \mathrm{ED} \tag{7.3}$$

$$\mathrm{EP} = \mathrm{KC} \cdot \mathrm{EM} \tag{7.4}$$

式中，W 为张力水蓄水量，mm；WU 为上层张力水蓄量，mm；WL 为下层张力水蓄量，mm；WD 为深层张力水蓄量，mm；E 为总蒸散发量，mm；EU、EL 和 ED 分别为上层、下层和深层蒸发量，mm；EP 为蒸散发能力，mm；EM 为观测的水面蒸发量。

从上往下依次计算蒸发量，步骤为

若 $P + \mathrm{WU} \geqslant \mathrm{EP}$，则 $\mathrm{EU} = \mathrm{EP}$，$\mathrm{EL} = 0$，$\mathrm{ED} = 0$。

若 $P + \mathrm{WU} < \mathrm{EP}$，则 $\mathrm{EU} = P + \mathrm{WU}$。

若 $\mathrm{WL} \geqslant C \cdot \mathrm{LM}$，则 $\mathrm{EL} = (\mathrm{EP} - \mathrm{EU}) \cdot \dfrac{\mathrm{WL}}{\mathrm{LM}}$，$\mathrm{ED} = 0$。

若 $\mathrm{WL} < C \cdot \mathrm{LM}$ 且 $\mathrm{WL} \geqslant C \cdot (\mathrm{EP} - \mathrm{EU})$，则 $\mathrm{EL} = C \cdot (\mathrm{EP} - \mathrm{EU})$，$\mathrm{ED} = 0$。

若 $\mathrm{WL} < C \cdot \mathrm{LM}$ 且 $\mathrm{WL} < C \cdot (\mathrm{EP} - \mathrm{EU})$，则 $\mathrm{EL} = \mathrm{WL}$，$\mathrm{ED} = C \cdot (\mathrm{EP} - \mathrm{EU}) - \mathrm{WL}$，$E = \mathrm{EU} + \mathrm{EL} + \mathrm{ED}$。

此处计算的是整个包气带的蒸发量。包气带土壤含水量 W 扣除蒸发量 E 后的土壤含水量乘以相应的系数[式（7.5）]即是产流作用层的土壤含水量 WW，此式用来计算每一个时段末产流作用层土壤含水量。

$$\mathrm{WW} = \left[1 - (1 - \gamma)^{\frac{1}{b}}\right] \cdot W \tag{7.5}$$

7.2.2　蓄超组合产流计算

7.2.2.1　超渗地面径流

雨强超过下渗能力的一部分滞留在地面形成地面径流，雨强小于入渗能力的那部分入渗到地表以下进入包气带土壤。

采用改进的下渗模型，即式（5.1）计算流域平均下渗能力。利用式（5.1），通过积分计算超渗地面径流 RS（图 7.2）：

$$\mathrm{RS} = \begin{cases} \mathrm{PE} - \mathrm{FM} + \mathrm{FM} \cdot \left[1 - \dfrac{\mathrm{PE}}{\mathrm{FM}(1 + \mathrm{BF})}\right]^{1+\mathrm{BF}} & \mathrm{PE} < F_{\mathrm{mm}} \\ \mathrm{PE} - \mathrm{FM} & \mathrm{PE} \geqslant F_{\mathrm{mm}} \end{cases} \tag{7.6}$$

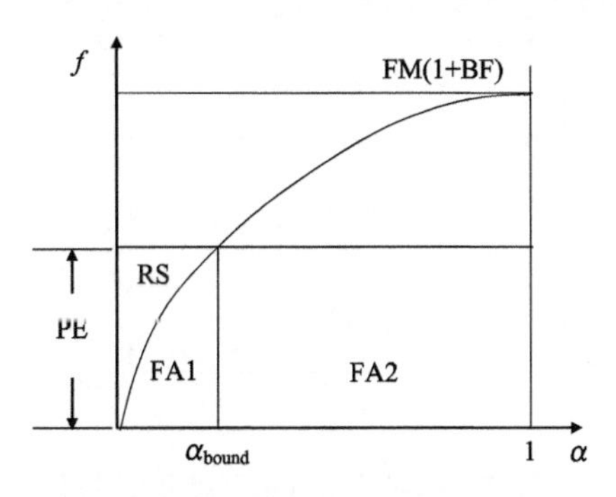

图 7.2　考虑下渗量不均匀性的下渗能力空间分布曲线

7.2.2.2　水量传递计算

在计算下渗补给量FA时，考虑其空间不均匀性，将下渗量FA在全流域分为两个部分，FA1和FA2，见图7.2。

第一部分面积：按照实际下渗能力下渗。

在$\mathrm{PE} < F_{\mathrm{mm}}$的情况下

$$\mathrm{FA}=\begin{cases}\mathrm{FA1}=F_{\mathrm{mm}}\cdot[1-(1-\alpha_1)^{(1+\mathrm{BF})}] & \mathrm{PE}>F\\ \mathrm{FA2}=\mathrm{PE} & \mathrm{PE}\leqslant F\end{cases} \tag{7.7}$$

式中，$\alpha_1\in[0,\ \alpha_{\mathrm{bound}}]$。

在$\mathrm{PE}\geqslant F_{\mathrm{mm}}$的情况下，$\alpha_{\mathrm{bound}}=1$

$$\mathrm{FA}=\begin{cases}\mathrm{FA1}=F_{\mathrm{mm}}\cdot[1-(1-\alpha)^{(1+\mathrm{BF})}]\\ \mathrm{FA2}=0\end{cases} \tag{7.8}$$

式中，$F_{\mathrm{mm}}=\mathrm{FM}(1+\mathrm{BF})$；其他参数参考前文。

第二部分面积：雨强小于下渗能力，按照雨强下渗，在此部分面积内微分土柱得到的下渗补给量在空间上是相同的，此部分为常数PE。

7.2.2.3　相对蓄水容量计算

相对蓄水容量和深度比的关系曲线（图7.3）用下式表示：

$$\gamma=1-\left(1-\frac{\mathrm{RW}}{\mathrm{RWMM}}\right)^{b} \tag{7.9}$$

式中，RWMM为流域平均相对蓄水容量的最大值，为完全蓄水容量，利用以下公式计算：

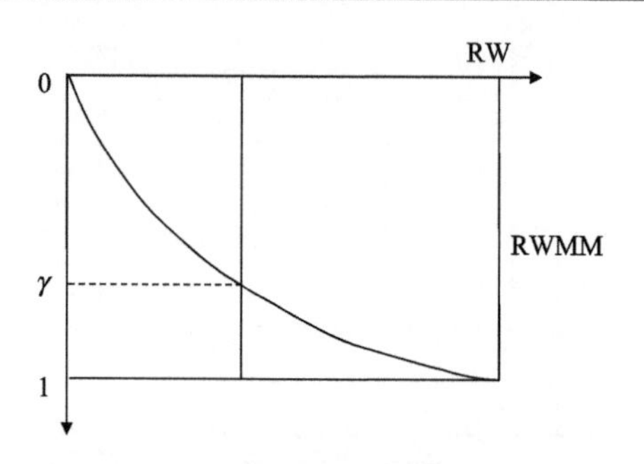

图 7.3　相对蓄水容量深度分布曲线

$$\mathrm{RWMM}=\left(\theta_{\mathrm{fc}}-\theta_{\mathrm{wp}}\right)\times L_a \tag{7.10}$$

式中，θ_{fc} 和 θ_{wp} 分别为田间持水量和凋萎系数，根据土壤类型通过查土壤参数统计表获取；L_a 为包气带厚度，mm，可以近似用地下水埋深估算。

在确定作用层的深度 γ 和相对蓄水容量 RW 时，要首先确定 RWMM 和 b 。在实际应用中，可以直接对 RWMM 赋一个较大的值，比如 400～1000mm，该值并不敏感。确定 b 时，可以人工赋予一个大于 1.0 的值，以反映包气带的垂向非均匀性，该值不敏感。确定好 RWMM 和 b 后，通过率定 γ 计算相对蓄水容量 RW：

$$\mathrm{RW}=\left[1-\left(1-\gamma\right)^{\frac{1}{b}}\right]\times\mathrm{RWMM} \tag{7.11}$$

自此，流域平均的相对蓄水容量 RW 已经计算完成，然后将其参与相对蓄水容量面积分布的计算，最后计算空间上单点相对蓄水容量 W' 为

$$W'=\left[1-\left(1-\beta\right)^{\frac{1}{B}}\right]\times\mathrm{RW}\times\left(1+B\right) \tag{7.12}$$

7.2.2.4　包气带界面流计算

在第一部分面积内时的情况，即 $\alpha_1\in\left[0,\ \ \alpha_{\mathrm{bound}}\right]$：

（1）采用蒙特卡罗随机抽样方法，对 α_1 抽样 1000 个，利用式（7.7）或式（7.8）计算对应 FA_i；对 β 抽样 1000 次，利用式（7.12）计算对应的 W_j'，减去初始土壤含水量对应的已有相对蓄水容量 A，得到新的 W_j'，如若有负，用 0 替代。

（2）利用 $\mathrm{RR}=\mathrm{FA}-W'$，计算随机变量 RR_m，$m=1,2,3,\cdots,1000$，负值用 0 替代。

（3）求平均产流量 $\overline{\mathrm{RR}_1}$。对所有微分点的产流量求平均值，此值为在第一部分面积内的所有随机微分点的产流量。这些随机微分点发生的概率之和为 α_{bound}。

土壤含水量为 $\mathrm{WW1}_t = \overline{\mathrm{FA1}} + \mathrm{WW1}_{t-1} - \overline{\mathrm{RR}_1}$。

在第二部分面积内时的情况，即 $\alpha_2 \in (\alpha_{\text{bound}}, 1]$：

$$\overline{\mathrm{RR}_2} = \begin{cases} \mathrm{FA2} + \mathrm{WW} - \mathrm{RW} + \mathrm{RW} \times \left[1 - \dfrac{\mathrm{FA2} + A}{\mathrm{RW} \times (1+B)}\right]^{B+1} & \mathrm{FA2} + A \leqslant \mathrm{RW} \times (1+B) \\ \mathrm{FA2} + \mathrm{WW} - \mathrm{RW} & \mathrm{FA2} + A > \mathrm{RW} \times (1+B) \end{cases} \tag{7.13}$$

$$\mathrm{WW2}_t = \begin{cases} \mathrm{FA2} + \mathrm{WW2}_{t-1} - \overline{\mathrm{RR}_2} & \mathrm{FA2} + A \leqslant \mathrm{RW} \times (1+B) \\ \mathrm{RW} & \mathrm{FA2} + A > \mathrm{RW} \times (1+B) \end{cases} \tag{7.14}$$

求包气带界面流产流总量和产流作用层的土壤含水量：

$$\mathrm{RR} = \overline{\mathrm{RR}_1} \times \alpha_{\text{bound}} + \overline{\mathrm{RR}_2} \times (1 - \alpha_{\text{bound}}) \tag{7.15}$$

$$\mathrm{WW}_t = \mathrm{WW1}_t \times \alpha_{\text{bound}} + \mathrm{WW2}_t \times (1 - \alpha_{\text{bound}}) \tag{7.16}$$

综上，蓄超组合产流计算的步骤可以归纳为如下：

第一步：利用下渗能力分布曲线，计算超渗地面径流。

第二步：分面积一和面积二内两种情况，计算地表向包气带内部水量传递 FA 的空间分布。

第三步：计算流域平均相对蓄水容量 RW，计算流域单点相对蓄水容量 W'。

第四步：计算包气带界面流产流量 RR 和产流作用层的土壤含水量 WW。

7.2.3　坡面径流损失模拟和分水源计算

在包气带底部（图 7.4）设置地下水虚拟拦蓄水库 su（李致家等，2013），并设置阈值 h，计算得到的地表径流 RS 按比例 k 再次下渗，补给地下拦蓄水库 su，

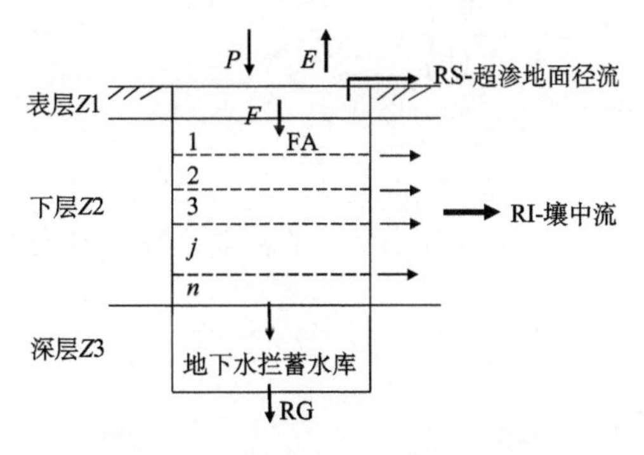

图 7.4　包气带及产流结构示意图

地表以下包气带界面流进入自由水库后也按照比例 k 补给地下水库 su，直到 su 达到阈值 h 后方可出流产生地下径流。自由水库中扣除了比例 k 的损失后，按照一定的出流系数 KI，形成壤中水径流。

$$\mathrm{RS}_t = \mathrm{RS}_{t-1} \times (1-k) \tag{7.17}$$

$$S_t = S_{t-1} + \mathrm{RR} \tag{7.18}$$

$$\mathrm{RI}_t = S_t \times (1-k) \times \mathrm{KI} \tag{7.19}$$

地下虚拟拦蓄水库含水量不断上升，超过水库阈值的部分形成地下水径流，没超过则不形成地下水径流。

$$\mathrm{su}_t = \mathrm{su}_{t-1} + k \times (\mathrm{RS} + S_t) \tag{7.20}$$

$$\mathrm{RG}_t = \mathrm{KG} \times \max\{(\mathrm{su}-h), 0\} \tag{7.21}$$

$$\mathrm{su}_t = \mathrm{su}_{t-1} - \mathrm{KG} \times \max\{(\mathrm{su}-h), 0\} - \mathrm{KGG} \times \min\{\mathrm{su}, h\} \tag{7.22}$$

式中，KGG 为未超过阈值时地下虚拟拦蓄水库的消退系数。

7.2.4　汇流计算

本模型将汇流过程分为坡面汇流和河道汇流两个过程。坡面汇流过程采用线性水库方法进行计算。

7.2.4.1　坡面汇流

地表径流汇流：

$$\mathrm{QS}_t = \mathrm{CS} \times \mathrm{QS}_{t-1} + (1-\mathrm{CS}) \times \mathrm{RS}_t \times U \tag{7.23}$$

式中，QS 为地表径流，$\mathrm{m^3/s}$；CS 为地表径流消退系数；RS 为地表径流量，mm；U 为单位折算系数，$U = \dfrac{F(\mathrm{km}^2)}{3.6\Delta t(\mathrm{h})}$。

壤中水径流汇流：

$$\mathrm{QI}_t = \mathrm{CI} \times \mathrm{QI}_{t-1} + (1-\mathrm{CI}) \times \mathrm{RI}_t \times U \tag{7.24}$$

式中，QI 为壤中水径流，$\mathrm{m^3/s}$；CI 为壤中流消退系数；RI 为壤中流径流量，mm；U 为单位折算系数，$U = \dfrac{F(\mathrm{km}^2)}{3.6\Delta t(\mathrm{h})}$。

地下水径流汇流：

$$\mathrm{QG}_t = \mathrm{CG} \times \mathrm{QG}_{t-1} + (1-\mathrm{CG}) \times \mathrm{RG}_t \times U \tag{7.25}$$

式中，QG 为地下水径流，m^3/s；CG 为地下水径流消退系数；RG 为地下水径流量，mm；U 为单位折算系数，$U = \frac{F\left(\text{km}^2\right)}{3.6\Delta t\left(\text{h}\right)}$。

总径流量为

$$\text{QT}_t = \text{QS}_t + \text{QI}_t + \text{QG}_t \tag{7.26}$$

7.2.4.2　河道汇流

采用考虑河道沿程损失的马斯京根法：

$$Q_t = C_0 I_t + C_1 I_{t-1} + C_2 Q_{t-1} - C_3 F_t \tag{7.27}$$

式中，$C_0 = \frac{0.5\Delta t - Kx}{0.5\Delta t + K - Kx}$，$C_1 = \frac{0.5\Delta t + Kx}{0.5\Delta t + K - Kx}$，$C_2 = \frac{-0.5\Delta t + K - Kx}{0.5\Delta t + K - Kx}$，$C_3 = \frac{\Delta t}{0.5\Delta t + K - Kx}$。

$$F_t = \frac{F_h BL}{\Delta t} \times U \tag{7.28}$$

式中，F_h 为时段下渗量，mm；F_t 将下渗量换算为流量单位，m^3/s；B 为河宽；L 为河段长；Δt 为计算时段。

河道行洪时，下渗为充分供水，采用 Horton 下渗公式计算时段下渗量：

$$F_h = \left(F_0 - \text{FC}\right)\text{e}^{-\text{kk}\times t} + \text{FC} \tag{7.29}$$

式中，F_0 为起始下渗率，在河北地区，常年不过水的河道可达数十毫米每小时；kk 为土壤物理性质的参数，一般小于 0.1；FC 一般为 2mm/h 左右（陈玉林和韩家田，2003）。

7.2.5　模型特点

提出半湿润半干旱区的相对蓄水容量概念，认为研究区包气带虽然无法完全蓄满，但会部分相对蓄满，进而作为判别包气带多个相对不透水层界面流产流的依据。将包气带概化为多层分层结构，考虑包气带垂向高度异质性特征，建立相对蓄水容量深度分配曲线，刻画相对蓄水容量的垂向非均匀分布特征。利用该曲线可以确定门槛作用在全流域发生的平均深度，确定产流作用层的土壤深度和相对蓄水容量，结合相对蓄水容量面积分布曲线，即可计算全流域壤中多个相对不透水层界面流。模型能够考虑包气带土壤缺水量和蓄水能力在水平方向和垂直方向上的空间非均匀性，有效提高计算精度。相对蓄水容量概念和相对蓄水容量深度和面积分布函数，为解析半湿润半干旱区非蓄满条件下的包气带内多个相对不透水层界面流产流规律提供了科学依据。表 7.2 总结了模型特点，表中打钩“√”表明含有该项，如新安江模型的径流组分含有壤中流和地下径流。

表 7.2　模型特点对比分析

模型	径流组分				径流损失模拟	空间异质性描述	地表地下产流过程耦合
	超渗地面径流	壤中流	地下径流	未蓄满时界面流			
新安江模型		√	√			水平	
陕北模型	√					水平	
垂向混合模型	√	√	√			水平	采用流域平均下渗量
本模型	√	√	√	√	√	垂向+水平	考虑空间异质性的下渗量

（1）与全国应用最广泛的新安江模型相比，本模型采用蓄超组合产流模式，将雨强和下渗能力、入渗量和相对蓄水容量进行实时判别和计算，对超渗地面径流、壤中水径流和地下水径流等组分均具有模拟能力，而非新安江模型采用先算总量再分水源计算。其优点在于：既考虑了流域的超渗产流机制，又考虑了产流过程中各径流组分的动态变化。

（2）与常规混合产流模型相比，本模型考虑了从包气带地表向包气带内部传递水量的空间非均匀性，能更好地反映真实的下渗过程，对地表超渗产流过程和地表以下相对不透水层界面流产流过程的耦合更符合实际。

（3）模型考虑了半湿润半干旱区存在的洪水衰减现象，将衰减过程概化为坡面汇流阶段的二次下渗和河道汇流阶段的河道拦蓄损失。通过两个过程概化和处理，对洪水衰减现象进行模拟，能够便捷、显著地提高模拟和预报精度。

7.2.6　小结

本章针对半湿润半干旱区产汇流特征，研究建立了完整的计算方法。

（1）将包气带产流作用层的相对蓄水容量取代整个包气带蓄水容量，将产流作用层土壤含水量替代包气带土壤含水量，建立了反映表层土湿对下渗能力影响的改进的下渗模型。

（2）考虑研究区包气带厚和垂向异质性大的特征，研究了包气带土壤介质和水分运动的垂向分布特征，提出了相对蓄水容量概念和相对蓄水容量深度分布曲线，构建了基于相对蓄水容量深度和面积分布函数的包气带界面流计算模式。

（3）针对半湿润半干旱区产流组分复杂的特点和相对不透水层界面流对流域产流影响大的特点，考虑水量传递的空间不均匀性，基于随机统计学，提出了包气带表层和包气带内部过程的耦合连接方法，建立了半湿润半干旱区蓄超组合产流模式。

（4）针对研究区汇流过程中存在的衰减现象，将衰减过程概化为坡面汇流阶段的二次下渗和河道汇流阶段的河道拦蓄损失，建立了利用地下水虚拟拦蓄水库反映包气带对坡面径流拦蓄的损失计算方法，推导了考虑河道径流下渗的马斯京根流量演算方程，用以计算河道沿程损失。

（5）集成了三层蒸发模型、基于相对蓄水容量深度和面积分布的包气带界面流计算方法、组合产流模式、汇流模型、径流损失计算方法等，构建了半湿润半干旱区水文预报模型。

7.3　模型应用及检验

模型率定流程如图 7.5 所示。每场洪水开始时，对应的初始状态量不同，因此在模型率定时，首先根据洪水摘录场次的时间确定模拟计算的时段，然后调用对应时间节点的影响产流和蒸发的关键状态量，这些状态量由日过程模型计算得出。例如，日过程模型计算出的每一时间节点的土壤含水量用作前期土湿，计算的上层、中层和下层土壤含水量用作初始状态值。此外，也可不用日过程模拟的状态量，直接采用率定的方式获取上层、中层和下层土壤含水量。

洪水模型率定和优化原则：

采用人机交互参数率定的方法，根据先验知识先判断和估计，给定合适的参数区间，然后由计算机进行自动优化率定。模型参数率定分为“日模型”和“次洪模型”两部分。通过日模型调试可以确定蒸发和部分产流参数，包括 KC、UM、LM、C、KF、BF、B、b、IM、KGG 等参数，这些参数在日模型和次洪模型中可以通用，换言之，这些参数率定好后，在次洪模型中不再调试。KI、KG、CS、CI、CG、FC、k、h、K、x 这些参数在次洪模型中继续调试。通过日过程和次洪模型的调试，若发现某些参数不一致或明显不合理，应协调或调整这些参数后重新进行日模型和次洪模型的计算，优选出一组合理的最优参数。

SCE-UA 算法（Duan et al., 1993）是在 1965 年 Nelder 等的复合形直接算法的基础上，由自然界中的生物竞争进化原理和基因算法的基本原理等概念综合而成，是一种有效的解决非线性约束最优化问题的方法，可以一致、有效、快速地搜索到水文模型参数全局最优解，被认为是流域水文模型参数优选中最有效的方法。

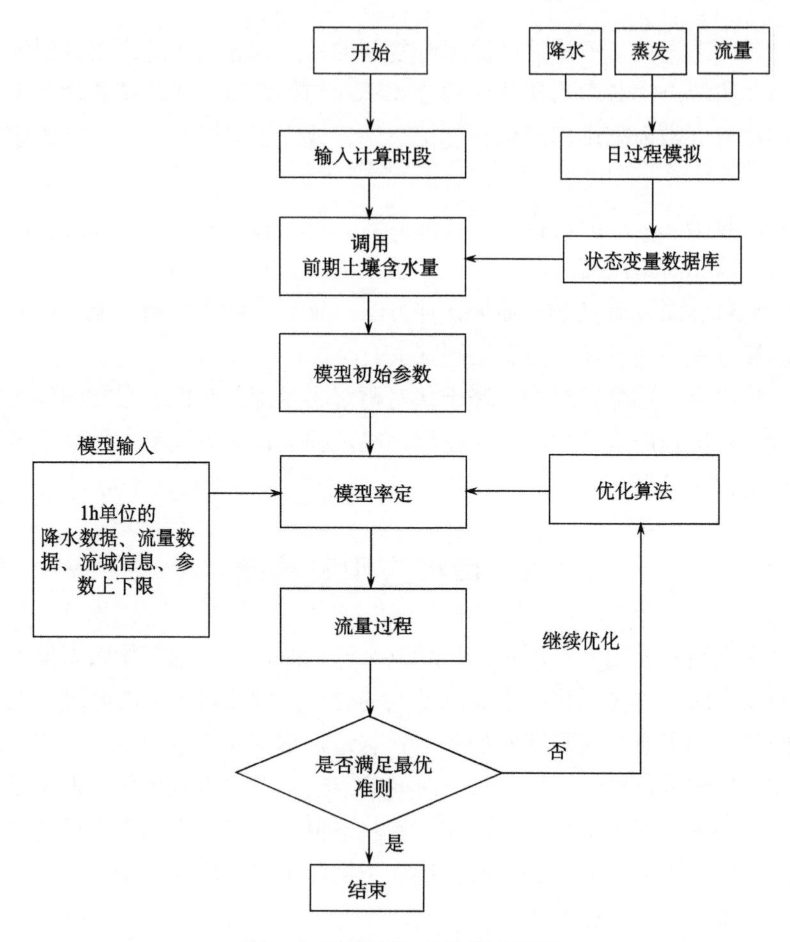

图 7.5　模型率定和计算流程图

因此，本模型采用 SCE-UA 优化算法自动率定模型参数。首先，计算每场洪水预报要素的误差及确定性系数（DC），直到满足所有场次的洪水总量、洪峰流量和峰现时间三要素的合格率最高或确定性系数最高。

7.3.1　模型率定和验证

7.3.1.1　紫荆关流域

1）模型输入

首先计算流域面雨量和面蒸发量。本书选择最为常用的泰森多边形法推求流域面雨量。根据流域站点数量及分布，将流域划分为 n 个多边形，以多边形的面积为权重，求加权平均得到平均面雨量。紫荆关水文站以上，共有 13 个雨量站，1968 年以前有 9 个雨量站。因此，在计算面雨量时，不同时期建立不同的泰森多边形，并计算相应的权重系数。流域内设有一个蒸发站——涞源站，其观测值作为流域平均的蒸发量。

2）模型率定和验证

紫荆关流域非雨季的流量过程很小，连续性差，因此选择雨季（6～9 月）的逐日流量过程进行模拟，用于生成次洪模型所需的状态值，包括土壤含水量（WU、WL、WD）、各径流组分值（地表径流 QS、壤中流 QI、地下径流 QG）、地下虚拟拦蓄水库持水量 su、自由水含水量 S 等，用作次洪模型的初始值。b 反映包气带垂向的不均匀程度，影响不大，不敏感，直接取值 1.2, 不参与率定。RWMM 可通过式（7.10）计算得出，为方便计算，本书直接按照经验选取，由于研究区属于半干旱流域，包气带缺水量较大，因此本书直接定为一个较大的值，即 600mm，该参数不敏感。通过率定 γ 即可根据式（7.11）计算得出包气带作用层的“相对蓄水容量 RW”。流域不透水面积比例很小，IM 作为 0 处理，不参与率定。KC、UM、LM、C、KF、BF、B、γ、KGG、kk 等参数在日模型率定好后直接在次洪模型中应用，不再调试。FC、KI、KG、CS、CI、CG、k、h、K、x 这些参数在次洪模型中继续调试。日过程模拟参数取值范围如表 7.3 所示。

表 7.3　模型参数取值范围

范围	γ	KC	UM	LM	C	FC	KF	BF	B	KGG
上限	0.8	1.9	200	200	0.25	35	10	0.9	0.8	0.2
下限	0.2	0.1	50	50	0.01	4	1	0.2	0.2	0.001

范围	KI	KG	CS	CI	CG	k	h	K	x	kk
上限	0.8	0.8	0.90	0.99	0.998	0.4	60	10	0.5	0.1
下限	0.3	0.3	0.4	0.5	0.5	0.0	10	1	0.001	0.001

在紫荆关流域，由于径流系数在年代际上出现了变化，20 世纪 90 年代后径流出现不同程度的减少，径流系数也发生一定变化。因此，在率定和验证模型时，选择下垫面条件较为一致的 1971～1989 年间的 12 场大、中型洪水进行模拟分析，其中 8 场洪水用于率定，4 场洪水用于验证，模型参数见表 7.4。

表 7.4　紫荆关流域参数率定结果

序号	参数	参数意义	日模型参数值	次洪模型参数值
1	γ	深度比	0.51	—
2	KC	蒸散发折算系数	1.67	1.67
3	UM	上层张力水蓄水容量/mm	131	131
4	LM	下层张力水蓄水容量/mm	158	158
5	C	深层蒸散发扩散系数	0.17	0.17
6	FC	稳定下渗率/mm	32	12
7	KF	渗透系数	1.89	1.89
8	BF	下渗能力分布曲线指数	0.74	0.74
9	B	蓄水容量面积分布曲线指数	0.33	0.33
10	b	相对蓄水容量深度分布曲线指数	1.2	1.2
11	KI	壤中流出流系数	0.38	0.47
12	KG	地下水径流出流系数	0.59	0.61
13	CS	地面径流消退系数	0.78	0.87
14	CI	壤中流消退系数	0.57	0.98
15	CG	地下水消退系数	0.81	0.96
16	k	向地下拦蓄水库补给系数	0.34	0.26
17	h	地下虚拟拦蓄库拦蓄阈值	25	12
18	K	马斯京根法参数/h	2	2
19	x	马斯京根法参数	0.28	0.41
20	KGG	地下虚拟水库消退系数	0.06	0.06

3）紫荆关流域洪水模拟结果分析

模型率定和验证的结果见表 7.5。对表中的数据进行分析可知：洪峰流量相对误差最大为–30.9%，最小为 0.49%，大部分在 20%以内，洪峰合格率为 91.7%。洪量相对误差最大为 49.3%，最小为–1.07%，大部分控制在 20%以内，洪量合格率为 75%。12 场洪水的平均确定性系数为 0.68，确定性系数差异化明显，有的洪水过程线拟合较好，有的场次洪水过程很难模拟，导致确定性系数较差。如图 7.6 所示，形状怪异的，确定性系数比较低，如 730819 场次洪水。因模型在参数率定时，侧重大洪水的模拟，所以偏小的洪水的确定性系数也较低，如 710814 和 730812 洪水。总体来说，本模型能够较好地模拟紫荆关流域的洪水过程。

表 7.5　紫荆关流域次洪模拟结果

时期	洪水场次	实测径流深/mm	模拟径流深/mm	径流深相对误差/%	实测洪峰流量/(m³/s)	模拟洪峰流量/(m³/s)	洪峰相对误差/%	确定性系数	峰现时间误差/h
模型率定	710814	1.37	1.48	7.98	42.8	39.7	−7.24	0.35	−3
	730812	5.51	5.20	−5.63	129	141.3	9.5	0.43	0
	730819	21.40	25.33	18.36	402	322	−19.90	0.51	−3
	740731	8.94	11.41	27.63	309	321.1	12.1	0.55	−2
	760717	11.04	10.93	−1.00	108	100.8	−6.67	0.93	1
	770702	3.21	3.16	−1.56	53.6	45.7	−14.74	0.77	0
	780825	54.95	54.36	−1.07	428	388.5	−9.23	0.95	−3
	790814	23.90	25.37	6.15	245	253.1	3.31	0.94	−1
模型验证	820730	40.61	42.30	4.2	408	406	0.49	0.74	−3
	860703	4.27	5.25	23.0	102	91.6	−11.4	0.70	−1
	870818	0.69	1.03	49.3	64.9	44.8	−30.9	0.49	0
	880801	8.60	9.36	8.8	175	174.1	0.51	0.77	−2

7.3.1.2　西泉流域

西泉流域流量连续性较好，选择多年（全年）逐日流量过程进行模拟，用于生成次洪模型所需的状态值，包括土壤含水量（WU、WL、WD）、各径流组分值（地表径流 QS、壤中流 QI、地下径流 QG）、地下虚拟拦蓄水库持水量 su、自由水含水量 S 等，用作次洪模型的初始值。

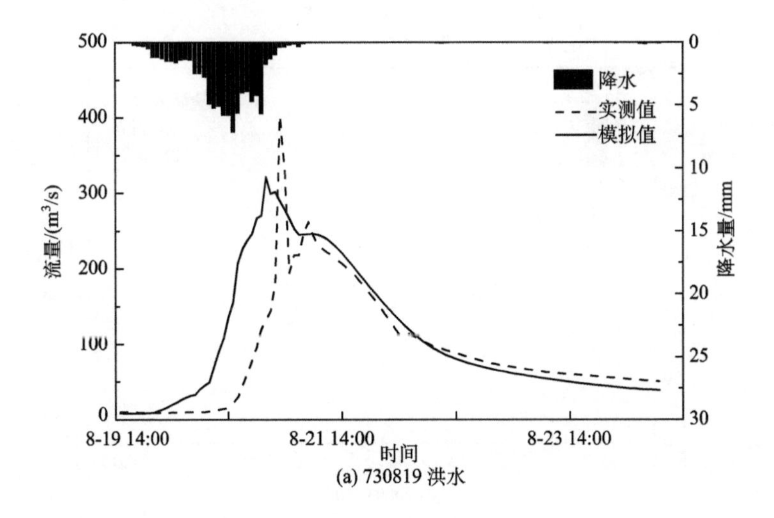

(a) 730819 洪水

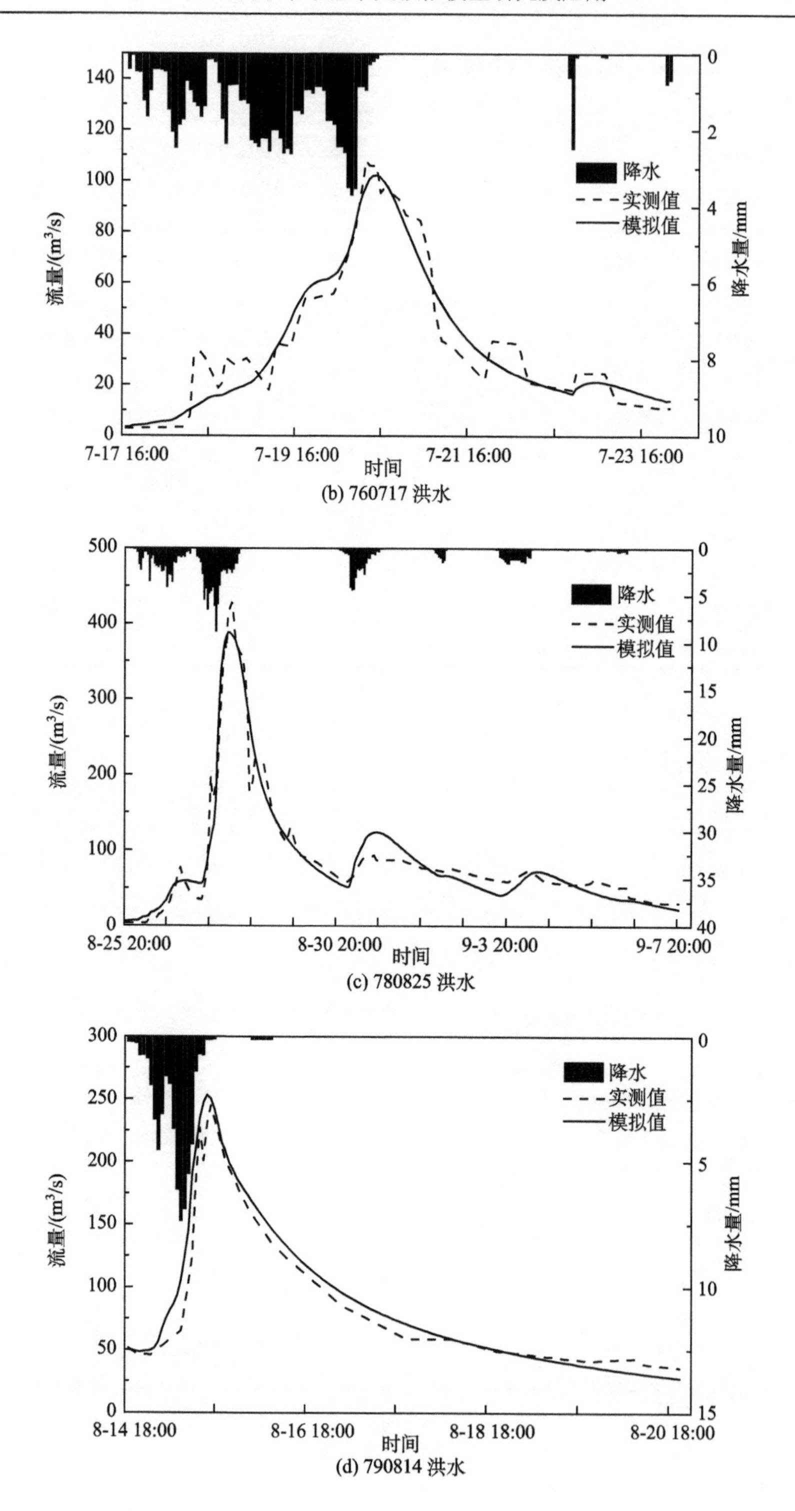

(b) 760717 洪水

(c) 780825 洪水

(d) 790814 洪水

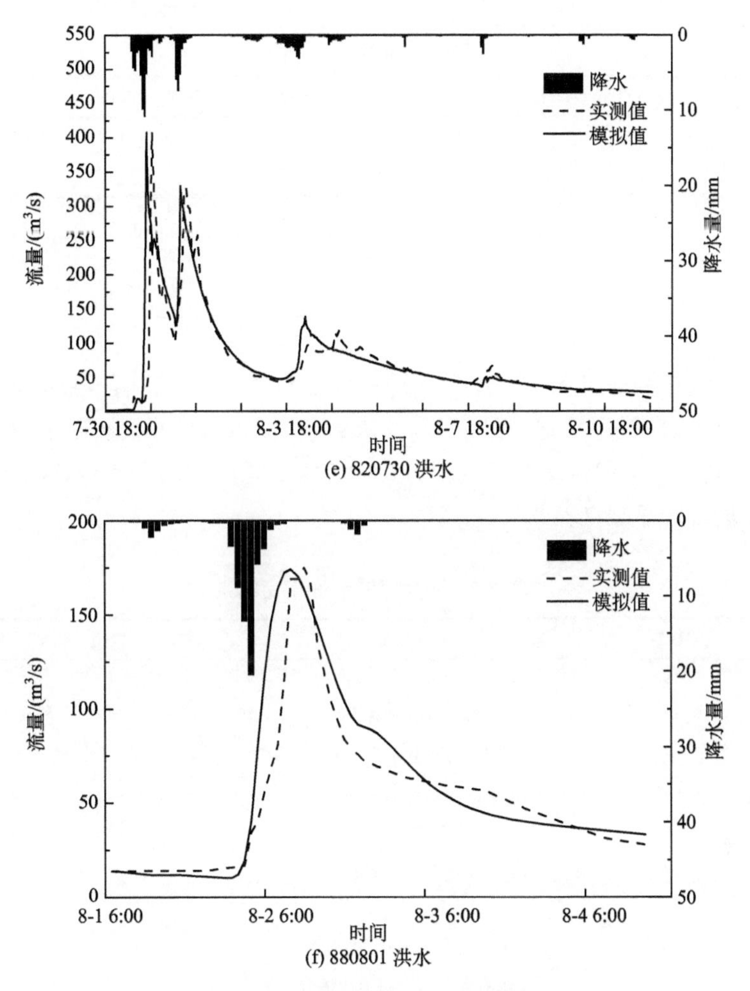

(e) 820730 洪水

(f) 880801 洪水

图 7.6　紫荆关流域部分场次洪水模拟结果

与紫荆关流域一样，KC、UM、LM、C、KF、BF、B、KGG、kk 等参数在日模型率定好后直接应用于次洪模型。b 取值 1.2, 不参与率定。RWMM 同样直接按照经验选取，由于研究区属于半干旱流域，包气带缺水量较大，但产流能力强于紫荆关流域，因此本节将其定为 400，该参数不敏感。率定γ，然后计算得出包气带作用层的“相对蓄水容量 RW”。 FC、KI、KG、CS、CI、CG、k、h、K、x 这些参数在次洪模型中继续调试。日过程模拟参数取值范围如表 7.6 所示。

表 7.6　模型参数取值范围

范围	γ	KC	UM	LM	C	FC	KF	BF	B	KGG
上限	0.8	1.9	150	150	0.25	30	25	0.9	0.8	0.2
下限	0.2	0.1	30	30	0.01	5	1	0.2	0.2	0.001
范围	KI	KG	CS	CI	CG	k	h	K	x	kk
上限	0.9	0.9	0.90	0.99	0.998	0.4	10	25	0.5	0.1
下限	0.1	0.1	0.4	0.5	0.5	0.0	1	1	0.001	0.001

西泉流域年径流量和年径流系数均未发生明显变化，表明下垫面条件未发生显著改变，所以在模型率定和验证时，并未划分为不同的时期。选用了 1971～2010 年间的 12 场大、中型洪水进行模拟分析，其中 8 场洪水用于率定，4 场洪水用于验证，模型参数见表 7.7。

表 7.7　西泉流域参数率定结果

序号	参数	参数意义	日模型参数值	次洪模型参数值
1	γ	深度比	0.41	—
2	KC	蒸散发折算系数	1.45	1.45
3	UM	上层张力水蓄水容量/mm	80	80
4	LM	下层张力水蓄水容量/mm	135	135
5	C	深层蒸散发扩散系数	0.13	0.13
6	FC	稳定下渗率/mm	20	8
7	KF	渗透系数	19	19
8	BF	下渗能力分布曲线指数	0.51	0.51
9	B	蓄水容量面积分布曲线指数	0.83	0.83
10	b	相对蓄水容量深度分布曲线指数	1.2	1.2
11	KI	壤中流出流系数	0.42	0.35
12	KG	地下水径流出流系数	0.83	0.67
13	CS	地面径流消退系数	0.70	0.93
14	CI	壤中流消退系数	0.94	0.65
15	CG	地下水消退系数	0.99	0.98
16	k	向地下拦蓄水库补给系数	0.15	0.10
17	h	地下虚拟拦蓄库拦蓄阈值	4	1.98
18	K	马斯京根法参数/h	1	1
19	x	马斯京根法参数	0.46	0.47
20	KGG	地下虚拟水库消退系数	0.11	0.11

模型率定和验证的结果见表 7.8。对表中的数据进行分析可知：洪峰流量相对误差最大为–24.14%，最小为 0.0，大部分在 20%以内，洪峰合格率为 91.7%。径流深相对误差最大为 32.54%，最小为–0.53%，大部分控制在 20%以内，径流深合格率为 91.7%。12 场洪水的平均确定性系数为 0.67，说明大部分场次洪水过程模拟较好，但也有确定性系数较低的，洪水过程线不好模拟的情况主要集中在洪水陡涨陡落明显的场次，如 1977 年 770729 洪水（图 7.7）。这是因为西泉流域属于小流域，遇到短历时强降雨会发生陡涨陡落非常明显的洪水，峰现时间和峰值一旦出现偏差，就会导致过程线偏离较多，确定性系数较低。总体来说，模型能够较好地模拟西泉流域的洪水过程，洪水模拟效果优于紫荆关流域。这归因于西泉流域陡涨缓落的洪水场次较多，洪水过程线比较规律。

表 7.8　西泉流域次洪模拟结果

时期	洪水场次	实测径流深/mm	模拟径流深/mm	径流深相对误差/%	实测洪峰流量/（m^3/s）	模拟洪峰流量/（m^3/s）	洪峰相对误差/%	确定性系数	峰现时间误差/h
模型率定	710705	5.20	5.34	2.72	77	76.9	0.12	0.82	0
	710718	10.50	13.92	32.54	101	99.06	–1.92	0.81	1
	720719	2.23	2.64	18.39	14.5	14.4	–0.68	0.68	–1
	720803	13.59	14.35	5.66	14.8	12.64	–14.62	0.82	1
	720813	11.30	9.98	–11.67	10.5	10.43	–0.66	0.49	0
	740905	9.93	11.21	12.94	13.3	14.38	8.14	0.30	3
	770729	22.41	25.19	12.41	122	121.99	0.0	0.26	–2
	780807	30.07	29.91	–0.53	41.2	35.5659	–13.68	0.97	0
模型验证	840727	0.87	1.04	19.54	23	17.45	–24.14	0.56	0
	060812	13.68	14.58	6.56	11.5	11.07	–3.74	0.75	–1
	070708	4.45	4.77	6.98	33.5	35.49	4.75	0.71	–2
	070717	21.47	21.06	–1.9	102	106.97	9.77	0.90	0

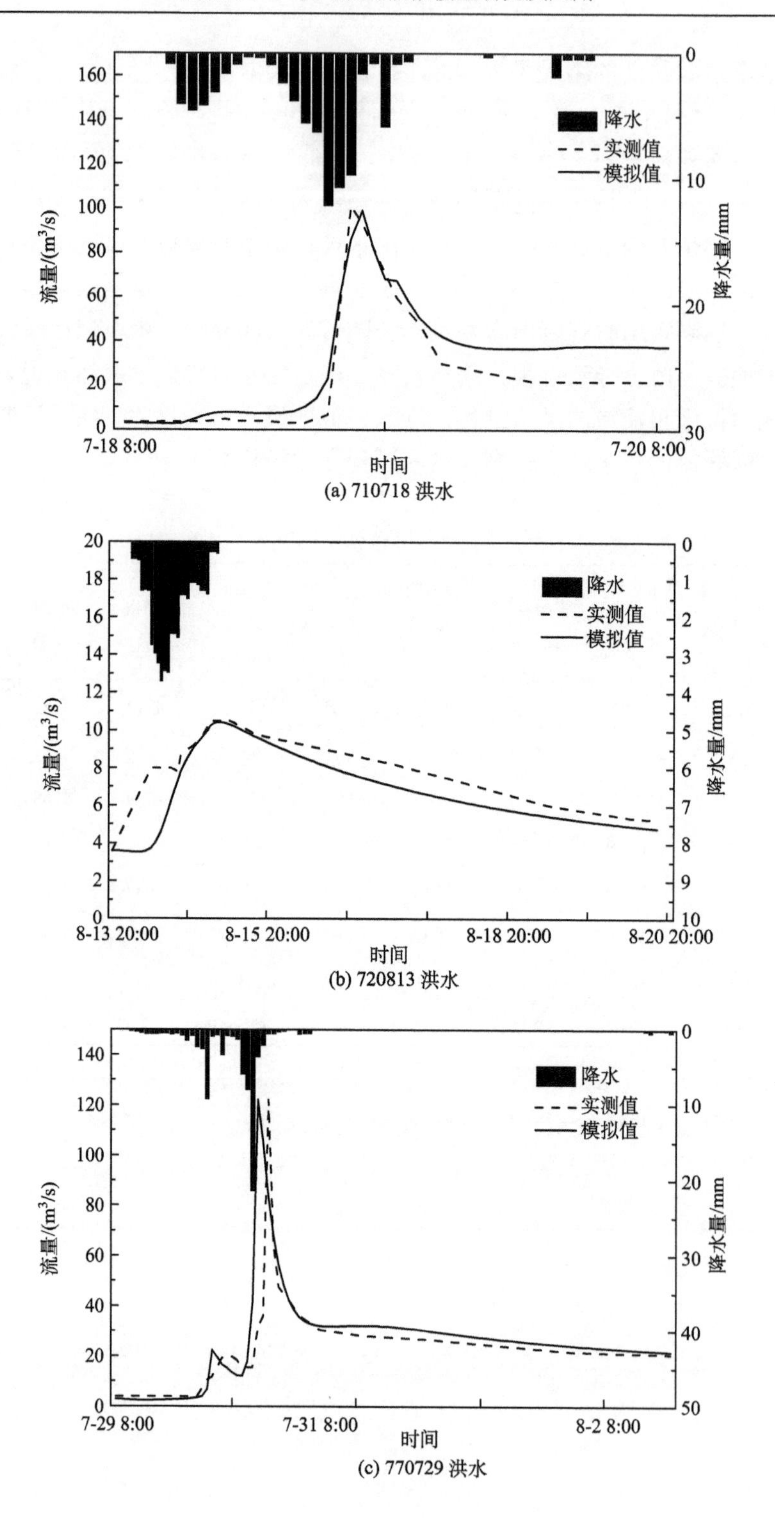

(a) 710718 洪水

(b) 720813 洪水

(c) 770729 洪水

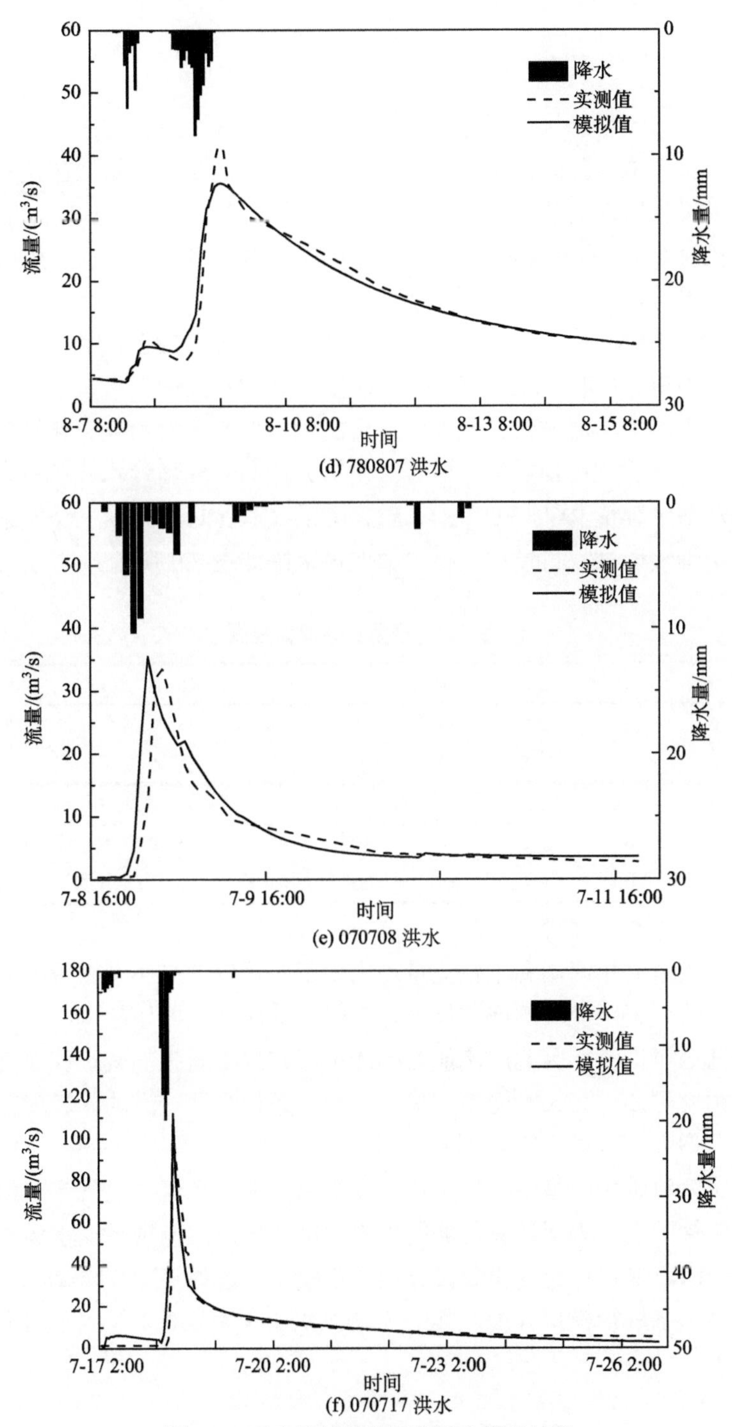

图 7.7　西泉流域部分场次洪水模拟结果

7.3.1.3　初头朗流域

初头朗流域流量连续性很差，河道里经常连续几个月不过水，无法对全年的逐日过程进行模拟。因此，仅选择雨季（6～9 月）的逐日流量数据进行模拟，用于生成次洪模型所需的状态值，包括土壤含水量（WU、WL、WD）、各径流组分值（地表径流 QS、壤中流 QI、地下径流 QG）、地下虚拟拦蓄水库持水量 su、自由水含水量 S 等，用作次洪模型的初始值。

KC、UM、LM、C、KF、BF、B、KGG、kk 等参数在日模型率定好后直接应用于次洪模型。b 取值 1.3，不参与率定。RWMM 同样直接按照经验选取，由于研究区属于半干旱流域，包气带缺水量较大，但产流能力强于紫荆关流域，因此本节将其定为 800，该参数不敏感。率定γ，然后根据公式计算得出包气带作用层的相对蓄水容量 RW。FC、KI、KG、CS、CI、CG、k、h、K、x 这些参数在次洪模型中继续调试。日过程模拟参数取值范围如表 7.9 所示。

表 7.9　模型参数取值范围

范围	γ	KC	UM	LM	C	FC	KF	BF	B	KGG
上限	0.6	2.0	200	200	0.30	40	25	0.9	0.8	0.5
下限	0.1	0.1	50	50	0.01	1	1	0.2	0.2	0.001

范围	KI	KG	CS	CI	CG	k	h	K	x	kk
上限	0.9	0.9	0.90	0.99	0.998	0.6	80	10	0.5	0.1
下限	0.1	0.1	0.4	0.5	0.5	0.0	10	1	0.001	0.001

初头朗流域的年降雨和年径流量均出现不同程度的减小，雨季径流系数也出现减小的趋势，表明流域的产流能力在下降。此区域主要以超渗产流为主，有时也存在一部分壤中流，因此产流能力的减小应归因于雨强的减小和包气带缺水量的增大。由此可知，在长时间系列里，下垫面条件是不一致的，表现在包气带缺水量在逐渐增大。因此，在率定模型参数时，应考虑下垫面的变化，分时期率定。但由于初头朗流域大中型洪水的主要组分是超渗地面径流，包气带缺水量的变化并不是决定性因素，为保证有足够的大中型洪水场次，在选择洪水场次进行模型率定和验证时，未将历史资料分段分别率定模型。选择了 1971～2010 年间的 12 场大、中型洪水进行模拟分析，其中 8 场洪水用于率定，4 场洪水用于验证，模型参数见表 7.10。

表 7.10　初头朗流域参数率定结果

序号	参数	参数意义	日模型参数值	次洪模型参数值
1	γ	深度比	0.34	—
2	KC	蒸散发折算系数	1.78	1.78
3	UM	上层张力水蓄水容量/mm	130	130
4	LM	下层张力水蓄水容量/mm	156	156
5	C	深层蒸散发扩散系数	0.23	0.23
6	FC	稳定下渗率/mm	33	9
7	KF	渗透系数	16.5	16.5
8	BF	下渗能力分布曲线指数	0.86	0.86
9	B	蓄水容量面积分布曲线指数	0.37	0.37
10	b	相对蓄水容量深度分布曲线指数	1.3	1.3
11	KI	壤中流出流系数	0.22	0.46
12	KG	地下水径流出流系数	0.20	0.51
13	CS	地面径流消退系数	0.47	0.38
14	CI	壤中流消退系数	0.65	0.76
15	CG	地下水消退系数	0.83	0.72
16	k	向地下拦蓄水库补给系数	0.45	0.29
17	h	地下虚拟拦蓄库拦蓄阈值	50	20.7
18	K	马斯京根法参数/h	2	2
19	x	马斯京根法参数	0.29	0.24
20	KGG	地下虚拟水库消退系数	0.03	0.03

模型率定和验证的结果见表 7.11 和图 7.8。对表中的数据进行分析可知：洪峰流量相对误差最大为–36.2%，最小为 0.0，大部分在 20%以内，洪峰合格率为 83.3%。径流深相对误差最大为 73.33%，最小为 1.32%，大部分控制在 20%以内，径流深合格率为 75%。洪峰和径流深的合格率总体略差于紫荆关流域和西泉流域。12 场洪水的平均确定性系数为 0.71，稍高于西泉和紫荆关流域，主要是因为该区域的洪水类型较为单一，洪水过程线较为相似。总体来说，本模型能够较好地模拟初头朗流域的洪水过程。

表 7.11　初头朗流域次洪模拟结果

时期	洪水场次	实测径流深/mm	模拟径流深/mm	径流深相对误差/%	实测洪峰流量/（m^3/s）	模拟洪峰流量/（m^3/s）	洪峰相对误差/%	确定性系数	峰现时间误差/h
模型率定	720803	10.24	11.84	15.63	1060	831.13	–21.59	0.87	–2
	720807	2.27	2.30	1.32	130	104.81	–19.38	0.89	–2
	760716	2.03	2.32	14.29	233	199.49	–14.38	0.64	–1
	770702	0.60	0.67	11.67	27.8	23.97	–13.76	0.77	–1
	770806	0.15	0.26	73.33	16.7	16.7	0.0	0.23	–4
	810729	0.18	0.19	5.55	23.0	21.0	–8.70	0.60	–2
	830707	1.75	1.69	–3.43	226	229.82	1.69	0.91	–2
	840629	5.64	8.18	45.04	790	692.12	–12.39	0.71	0
模型验证	060602	0.38	0.40	5.26	9.64	10.94	1.3	0.84	0
	060704	1.12	1.18	5.36	42.4	27.05	–36.2	0.38	–1
	070716	3.10	3.95	27.42	178	150.98	–15.18	0.77	–3
	090723	0.63	0.66	4.76	40.3	43.92	8.98	0.92	0

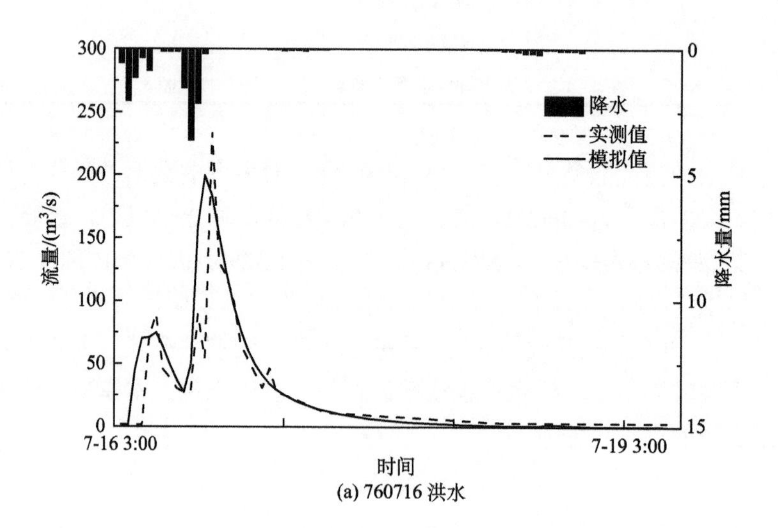

(a) 760716 洪水

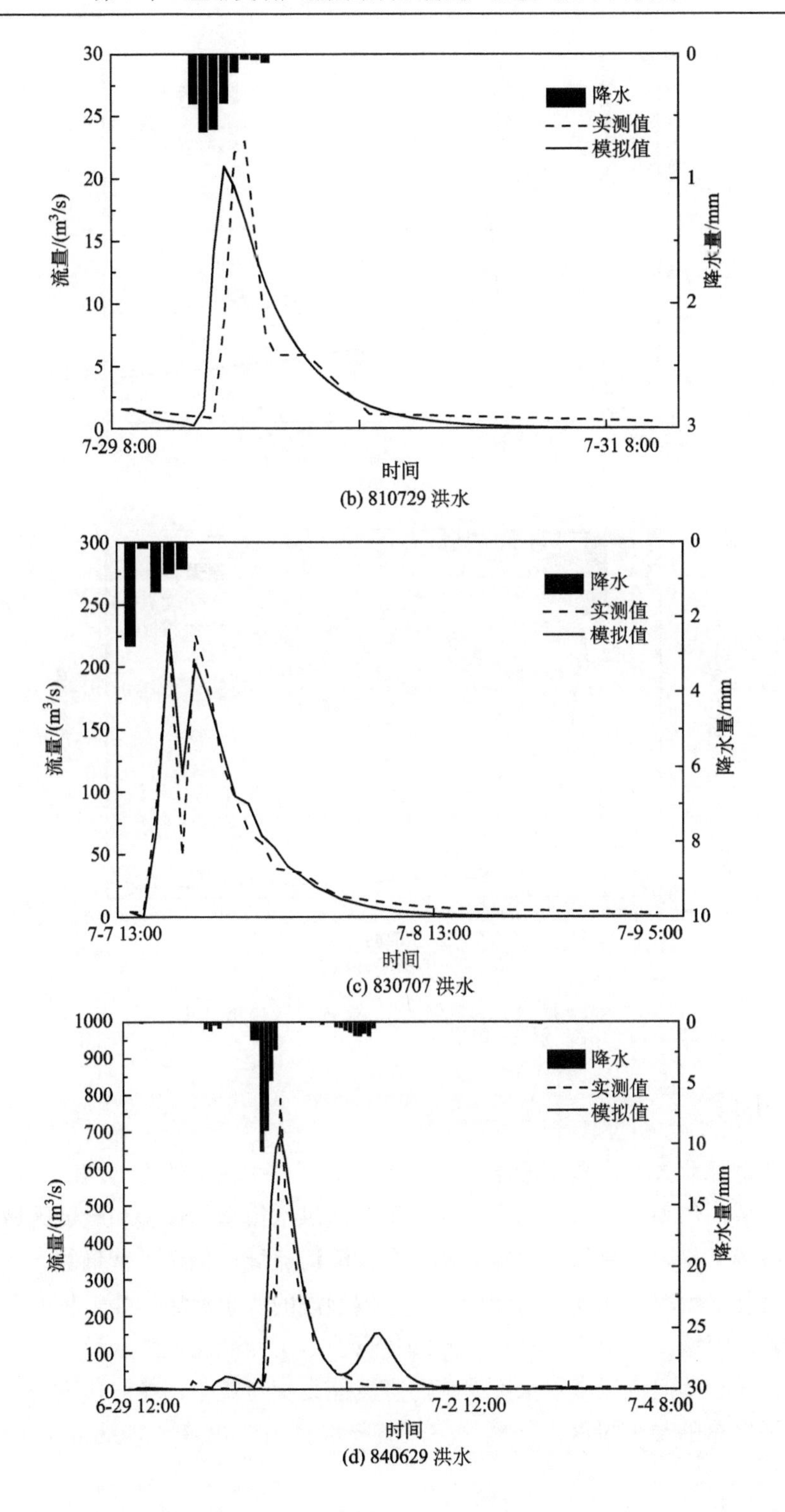

(b) 810729 洪水

(c) 830707 洪水

(d) 840629 洪水

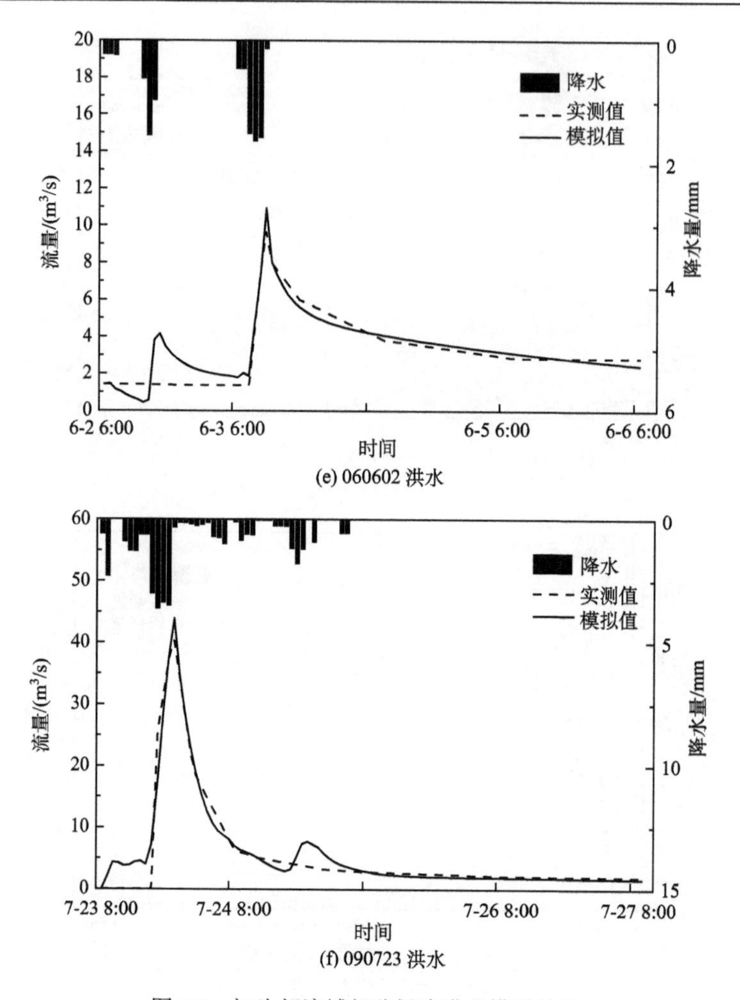

图 7.8　初头朗流域部分场次洪水模拟结果

7.3.2　小结

本章选择北方两个典型的半湿润半干旱流域——海河的大清河流域和辽河的老哈河流域，作为本书研究的半湿润半干旱区洪水模型的试验和验证区域。两个流域均属半干旱区，总体产流能力低。在大清河流域，挑选了紫荆关水文站控制流域作为验证流域，在老哈河流域挑选了偏湿润的西泉流域和偏干旱的初头朗流域作为验证流域。三个流域具有不同的代表性：①西泉流域降水量不多（多年平均为 530mm），但包气带缺水不严重，产流能力相对较强，能够代表一部分包气带缺水不严重的半干旱区；②紫荆关流域降水量相对较多（650mm），但包气带缺水量较大，产流能力总体较弱，洪水事件频发，能够代表部分受人类活动影响严重的半干旱区；③初头朗流域降水量较少（370mm），包气带缺水量很大，一般降水不产流，而且产流能力很低，河流断流明显，但也存在短历时强降雨引起的陡涨陡落的洪水，能够代表一部分基本以超渗产流机制为主的半干旱区。

第 3 章中，通过分析三个验证流域的水文特性发现：①三个流域的降水量均偏少，且年内分配不均，主要集中在 7～9 月，降水量占全年的大部分。②三个流域的径流系数较低，表明产流能力均较弱，紫荆关和初头朗流域径流系数下降的趋势较为显著。西泉流域径流系数明显高于紫荆关和初头朗，洪水主要以陡涨陡落和陡涨缓落型为主，也存在缓涨缓落型洪水，说明流域同时存在超渗产流和蓄满产流机制，而且蓄满产流发生的频次较高，这是由于该流域土层薄、包气带缺水量不大的缘故。紫荆关流域雨季径流系数大部分为 0.0～0.2，其中以 0.0～0.1 最多，说明雨季产流能力较弱，总体在 0.002～0.677，变幅非常大，而且洪水形状多变，说明流域的产汇流过程十分复杂，存在多种不同的径流组分组合的情况，但主要以超渗地面径流和壤中水径流为主。初头朗流域年径流系数极小，全部小于 0.1，但雨季径流系数相对不低，基本在 0.008～0.296，分布较为均匀。历史洪水场次陡涨陡落的特征十分显著，洪水消退的时间较短，说明流域主要以超渗地面径流为主，或者超渗地面径流加浅层壤中流。

在三个验证流域（紫荆关、西泉、初头朗）对模型进行了应用和验证，每个流域选取了 12 场洪水，其中 8 场用于率定，4 场用于验证，结果表明，模型总体上能够模拟半湿润半干旱区的洪水。本书构建的半湿润半干旱区洪水预报模型能够较好地模拟陡涨陡落、陡涨缓落、缓涨缓落等类型的洪水，在三个流域模拟洪水的平均确定性系数分别为 0.68、0.67 和 0.71，径流深合格率分别为 75%、91.7% 和 75%，洪峰合格率分别为 91.7%、91.7%和 83.3%，大部分场次的峰现时间也均在许可范围之内。洪峰的合格率总体高于径流深的合格率，这是因为模型参数自动率定的目标函数包含洪峰误差最小，而非径流深，这样做是为了重点对峰值进行模拟和预测，保证峰值有较高精度，特别是对于这些中小河流。但也存在一些径流深误差、洪峰误差大于许可范围的场次，这些场次洪水的流量过程往往不规则、陡涨陡落十分显著或是起伏较多或是过程线不平滑，对于这样的洪水，现实自然中也是存在的，这正是半湿润半干旱区洪水区别于湿润区洪水的特点和难点，模型对于这些场次洪水的模拟能力出现下降，说明模型有进一步改善的空间。

7.4　模型参数分析

本节阐明了模型参数的物理意义，针对模型中关键参数开展了敏感性分析，通过对北方三个典型的半湿润半干旱流域历史洪水的模拟，确定了模型参数的初始值取值范围，完成了包括参数取值方案、目标函数设置和数值解抽样数设置的建模方案的推荐。

7.4.1　参数概述

本模型共包括 23 个参数，包括蒸发计算、产流计算、汇流计算和下渗处理等参数。在天然流域应用的话，IM 项可以不计入模型，将其设置为 0，对结果影响不大；RWMM 为流域包气带全部土层的平均蓄水容量，为不敏感参数，可以根据公式计算或者认为设定值，不需要率定，真正发挥作用的是包气带活动层，即 RW 发挥作用，率定γ后根据公式即可计算得到。在 RWMM 确定之后，γ和b一起决定了活动层 RW 的数值大小。但正如新安江模型里的 WM，该参数并不敏感，但如果太大，会影响产流计算过程分布，对率定蓄水容量曲线B值带来困难；如果太小，产流计算时容易出现负值。因此，只要将其保持在一定的范围内，不使产流计算出现负值即可。因此，γ在小的范围内并不敏感。b反映包气带垂向上蓄水容量随深度的不均匀性，该值在小范围内不敏感，可以直接定值。

因此，扣除不需要率定的值之后，本模型实际需要率定的参数有 20 个。这 20 个参数中，KC、UM、LM、C、KF、BF、B、KGG、kk 等参数在日模型中率定好后，可以在次洪模型中应用，不需再调试。KI、KG、FC、CS、CI、CG、k、h、K、x 这些参数在次洪模型中要重新率定和调试。因此，下节的参数敏感性分析也重点针对这些需要在次洪模型中率定的参数进行分析。

7.4.2　关键参数敏感性分析

参数敏感性分析是用来判断输入资料和参数变化对模型定量模拟和输出结果影响程度的研究，通过敏感性分析可以衡量参数的灵敏度或是模型响应，为模型使用者提供参数率定的方向（晋华, 2006）。敏感性分析方法有多种，包括传统扰动分析法、全局灵敏度分析的 RSA（regionalized sensitivity analysis）方法和 GLUE（generalized likelihood uncertainty estimation）方法。本书采用最常用的传统扰动分析法对参数的敏感性进行分析，即对已经率定好的参数值施加一个 10%的扰动项，然后计算参数变化 10%时模型输出所产生的变化量。在计算时，只变化一个参数值，其他参数值保持不变，而且模型运行时所采用的状态初始值也都保持一致。本节重点对 KI、KG、CS、CI、CG、k、K、h、x 等需要在次洪模型中再次率定的参数进行敏感性分析，此外，对于本书建立的垂向上的“相对蓄水容量深度分布曲线”涉及的参数 γ 和 b 也进行敏感性分析。

选择西泉流域的几场洪水对上述参数进行分析，敏感性分析结果见图 7.9～图 7.18，图中“观测值”指洪水的实测值，“模拟值”指由最佳的参数运行模型得出的结果，“参数+10%”指在最佳参数的基础上增加 10%运行模型得到的结果，“参数–10%”指在最佳参数的基础上减小 10%运行模型得到的结果。

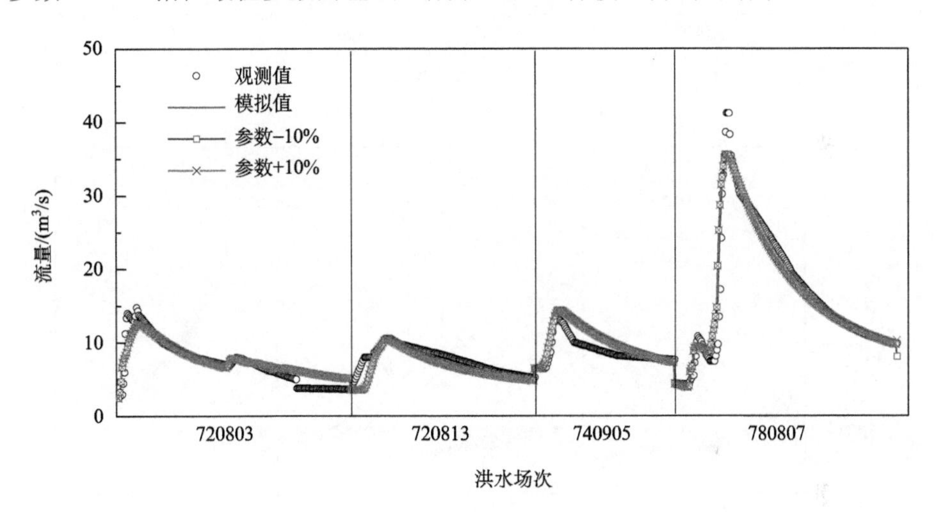

图 7.9　参数 γ 扰动分析图

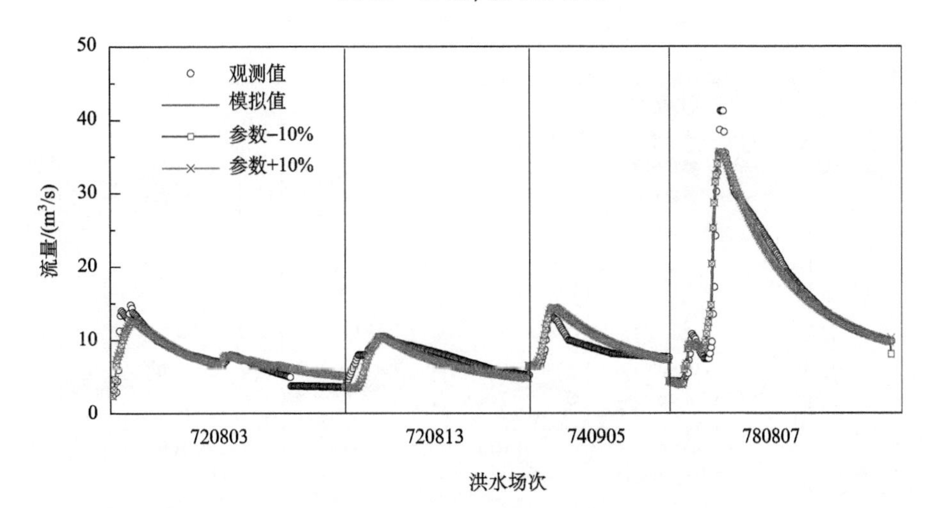

图 7.10　参数 b 扰动分析图

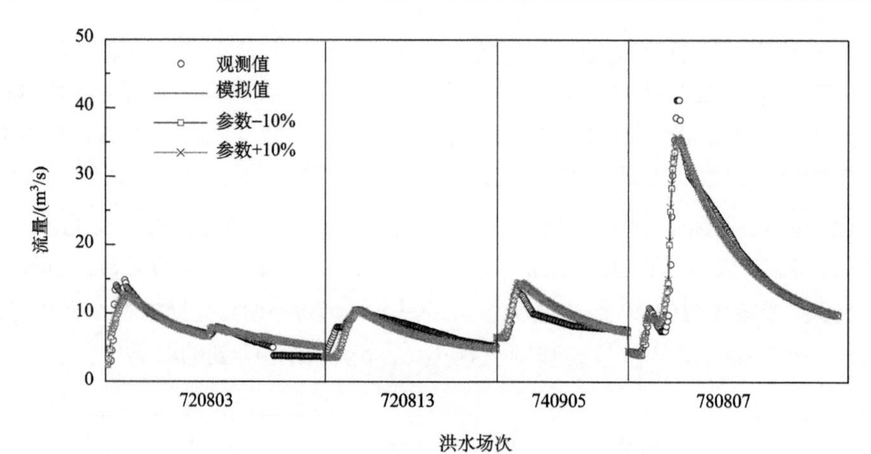

图 7.11　参数 KI 扰动分析图

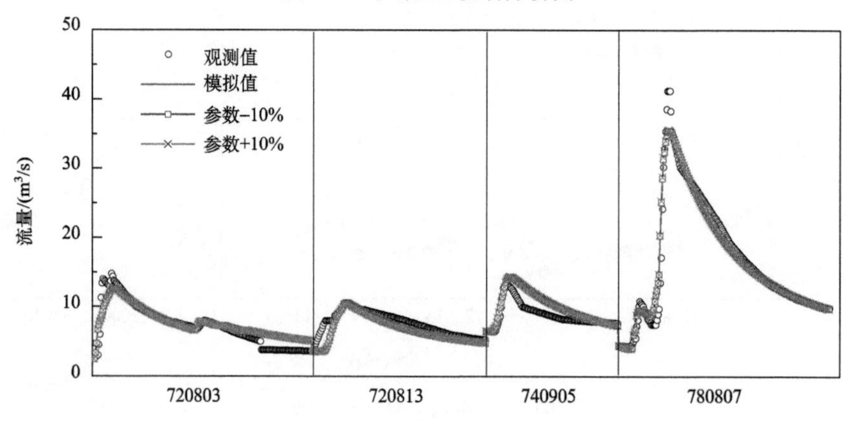

图 7.12　参数 KG 扰动分析图

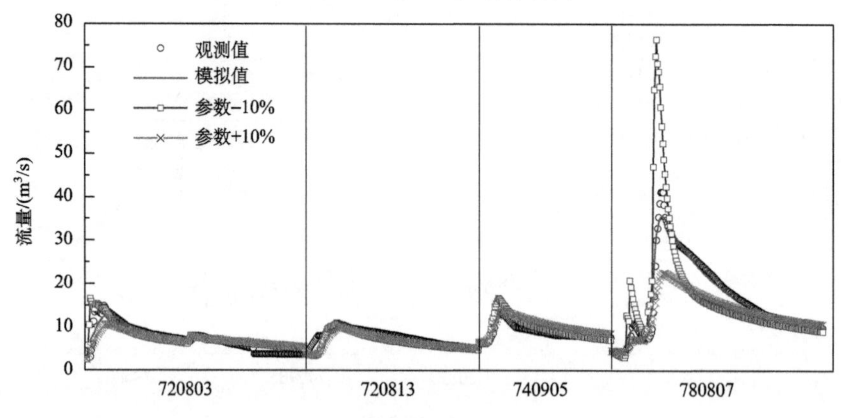

图 7.13　参数 CS 扰动分析图

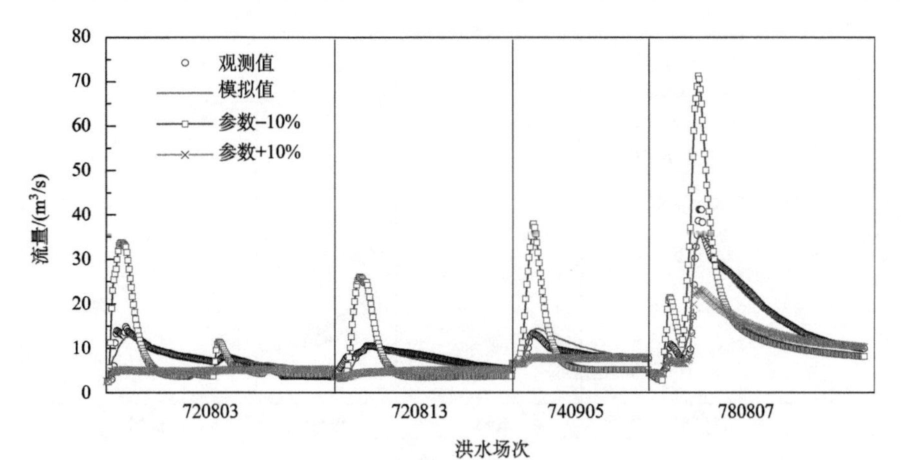

图 7.14　参数 CI 扰动分析图

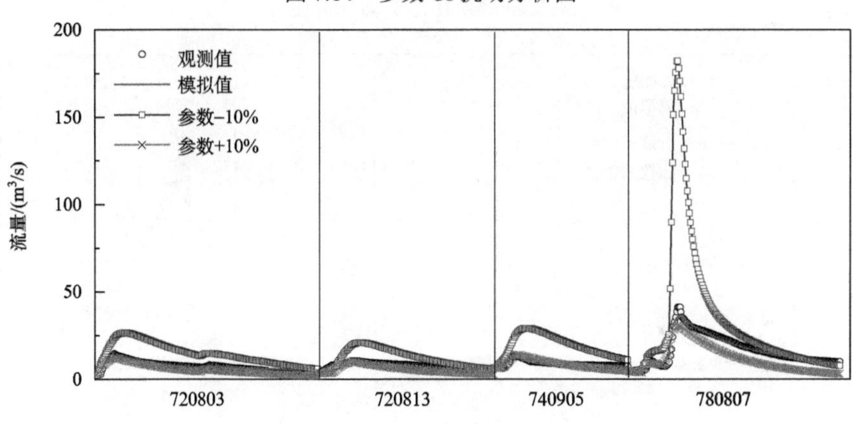

图 7.15　参数 CG 扰动分析图

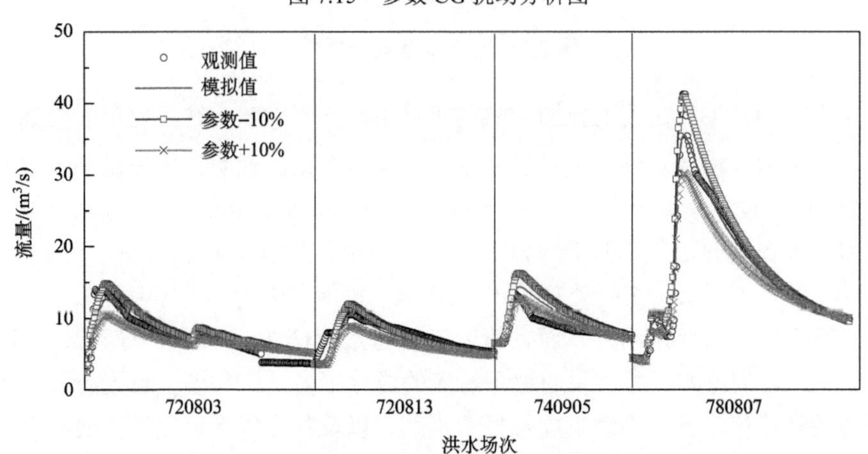

图 7.16　参数 k 扰动分析图

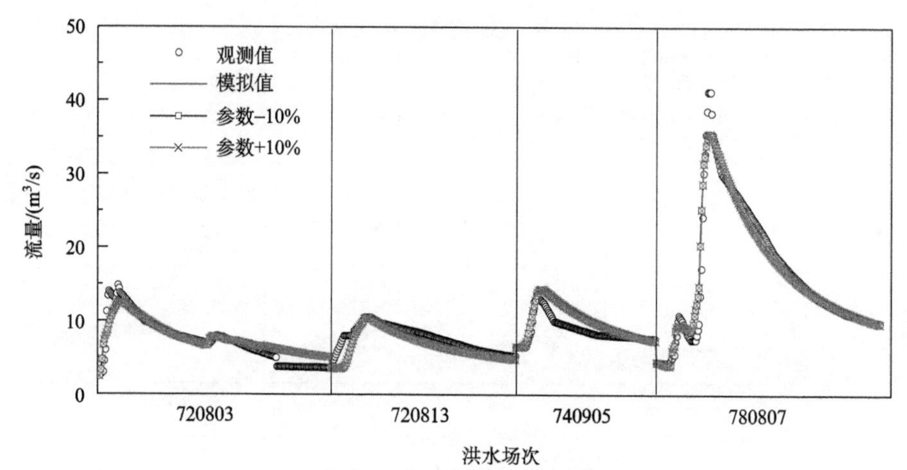

图 7.17 参数 K 扰动分析图

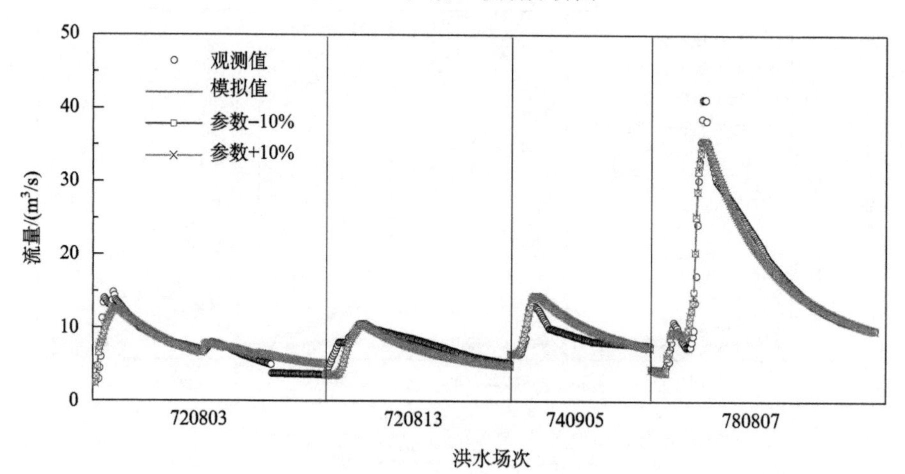

图 7.18 参数 x 扰动分析图

由图可知，①γ 在人工施加 10%的干扰下，并不敏感，结果出现非常细微的变化，但峰值、洪量及洪水过程线并未出现明显变化。说明该值在微小范围内并不敏感，在日过程模型中率定好后，可以不用在次洪模型中参与率定。②参数 b 表示蓄水容量在垂向上分布的不均匀性，在 10%的浮动范围内也不敏感。③参数 KI 表示壤中流出流系数，在此处 KI 的影响不大，可能是因为其值本身比较小，所以 10%的干扰带来的变化不大，而且壤中流消退系数 CI 影响较大，导致 KI 的影响减小。④ KG 的影响不大，说明地下径流的成分不多，这与模型设置有关，本模型重点关注峰值，且设置地下虚拟拦蓄水库，以反映包气带缺水量大的特点。此外，CG 值影响较大也部分的掩盖了 KG 微调导致的影响。⑤CS 的影响较大，直接决定了峰值的大小，CS 增大会导致峰值增加，特别是对于峰值较高的场次。⑥CI 的影响很大，轻微的扰动即可导致洪峰和洪量出现大的变化，影响洪水过程线的形状。⑦CG 的影响也较大，由于该值的取值范围较窄，微小的减小会导致地下径流汇流过程的改变，出现明显的增大，微小的增大也会导致过程出现明显的坦化。⑧k 也比较敏感，其决定了“二次下渗”从上往下的补给量，一般来说，k 减小会导致峰值增大，k 增大会导致峰值减小。⑨马斯京根方法的两个参数 K 和 x 微小的变化对中小流域洪水过程的影响并不显著。

7.4.3　建模方案推荐

7.4.3.1　参数取值方案

模型大部分参数都具有明确的物理意义，在一定程度上反映了流域的基本水文特征和降雨径流形成的物理过程。所以，原则上可以按照其物理意义通过实验观测和比拟等方法确定。但是，由于模型是在一定的假设的基础上对真实过程的概化，加之水文要素的复杂性，在当前的观测技术条件下，很难准确获得流域水循环的各要素的时空变化值。因此，往往需要采用概念分析的方法，即按照实测值或者参数的物理意义初步确定参数的初值范围，然后将降雨、蒸发等实测资料值作为模型输入，再将输出模型与实测过程进行比较，利用自动优化算法做模型参数的优化调试，根据设定的目标函数和约束条件确定参数的最优值。本模型也采用这样的方法对参数进行设定和优选。

模型中，各参数（表 7.12）可根据其概念或物理意义选择初值，各参数物理意义及初值选取如下。

KC：蒸散发能力折算系数，其作用在于将蒸发皿的蒸发量转换为流域的蒸散发能力。在日过程模拟中，其为影响产流量重要和敏感的参数，控制着水量平衡，对日过程产流计算十分重要。一般情况下，KC<1。但是，在实际计算中，该值往往变化很大，超过 1 的情况很多，在湿润区和半湿润区均有。因此，需要经模型调试并验证后试用。在北方半湿润半干旱区，此值可选 0.5～2.0，然后通过率定和优选得出。

RWMM：在北方半湿润半干旱区，地下水位较低，包气带较厚，因此包气带蓄水容量较大，不同于在湿润区新安江模型参数 WM 的赋值，RWMM 往往较大，可以设定为一个较大的值，如 500mm、600mm、700mm。此值不敏感，选定好之后不需率定。只要选取的值不使模型计算出现负值即可，具体参考前文关于 RWMM 参数的描述。

UM：上层张力水蓄水容量，包括植被截留量。在北方半湿润半干旱区，地下水位较低，包气带较厚，因此包气带蓄水容量较大，不同于在湿润区新安江模型参数的赋值。可适当放宽该参数初值的初始范围，在 30～150mm 取值，具体值由模型率定得出。在植被和土壤发育较差的流域，其值可取小些；如果植被和土壤发育较好，可取大些。

LM：下层张力水蓄水容量。在半湿润半干旱区其值一般较大，可取值在 50～200mm，根据实际情况或率定选取。

C：深层蒸散发扩散系数。其值取决于流域内深根植物的覆盖面积。目前对该值尚缺乏深入研究。根据现有经验，在北方半湿润半干旱地区 C 值大概在 0.09～0.25。

γ：湿润锋到达的深度或发挥产流作用的土壤活动层占整个包气带的深度比例。在北方半湿润半干旱区，其取值一般在 0.2～0.7。在湿润区应用接近于 1。

FC：稳定下渗率，在北方半湿润半干旱区可取 2～35mm/d、1～4mm/h。

KF：渗透系数，反映土壤缺水量对下渗的影响。

BF：下渗能力分布曲线方次，取值在 0～1。

B：相对蓄水容量面积分布曲线指数，取值在 0～1。

b：相对蓄水容量深度分布曲线指数，取值大于 1，反映包气带垂向异质性，可理解为蓄水能力随深度增加的能力，若 b=1，表示在垂向上包气带蓄水能力随深度呈线性变化，即包气带为垂向均质的。如北方半湿润半干旱流域可选初值为 1.1～1.5，该值不敏感，对结果影响不大，可选取 1.2，不再调试，如果在包气带垂向异质性很大的流域，要视情况定大些，具体取值可人工调整或参与自动率定。

IM：不透水面积占全流域面积的比例。可以通过 GIS 等现代技术测量出来。在天然流域，该值一般为 0.01～0.02，随着人类活动影响加剧和城镇化建设进程的推进，该值有增大的趋势。此值也可以设置为 0，在天然流域，对结果影响微弱。

KI：壤中流出流系数，反映土层的横向渗透性。在北方半湿润半干旱区，壤中流的变化幅度较大，此值范围可设定宽些，为 0.2～0.9。

KG：地下水径流出流系数。本模型设定的地下水径流并不是从自由水库出流，而是自由水进了地下虚拟的拦蓄水库后再出流，因此 KG 的取值与 KI 无关，也可设置在 0.2～0.9。

CS：河网蓄水消退系数，可根据洪峰流量与退水段的第一个拐点（地面径流终止点）之间的退水段流量过程来分析确定。但由于这部分退水流量只是以地面径流为主，可能还包括一定比例壤中流形成的流量，因此，具体值还要通过模型模拟来检验。

CI：壤中流消退系数。若无壤中流则为 0，若壤中流丰富则为 0.9，半湿润半干旱区壤中流一般不容忽视，在不同的前期气候和下垫面条件下发生的洪水，壤中流比例差别较大，因此分析确定的 CI 值还要经过模型模拟来检验和确定。

CG：地下水消退系数，可根据枯季地下径流的退水规律来推求，$\mathrm{CG}=Q_{t+\Delta t}/Q_t$。不同地区、不同流域该值变化较大。

k: 向地下拦蓄水库补给的比例系数，为 0～1，一般可取值 0.01～0.5。其与包气带和地下水缺水量程度有关，如河北地区的某些流域和河道常年不过水的流域，该值往往较大，可适当提高上限。

h：地下虚拟拦蓄水库的阈值，超过该阈值方可有地下水径流产生，在包气带缺水很大的流域，该值往往较大。在包气带缺水量很大的流域，一般地下径流很少，因此，该值只要设定大概值，不让模型轻易出现地下径流即可，在小范围内并不敏感。可以利用历史上多场洪水的数据估算，用累积降水减去实测径流深、蒸发量和截留量，扣除这些后即为包气带吸收和拦蓄的水量。

kk：河道沿程损失计算公式中反映土壤物理性质的参数，一般小于 0.1。

K 和 *x*：马斯京根法参数，*K* 为蓄量流量关系曲线的坡度，可视为常数；*x* 为流量比重系数。*K* 和 *x* 取值决定于河道特征和水力特性。

KGG：地下虚拟拦蓄水库的排泄系数。

表 7.12　半湿润半干旱区洪水模型参数表

层次	参数	参数意义	敏感程度	取值范围
蒸发计算	KC	流域蒸散发折算系数	敏感	0.5～2.0
	UM	上层张力水蓄水容量/mm	不敏感	30～150
	LM	下层张力水蓄水容量/mm	不敏感	50～200
	C	深层蒸散发折算系数	不敏感	0.09～0.25
产流计算	FC	稳定下渗率/mm	不敏感	2～35
	KF	渗透系数	不敏感	—
	BF	下渗能力分布曲线方次	不敏感	0.0～1.0
	RWMM	包气带全土层平均蓄水容量/mm	不敏感	400～800
	b	垂向深度分布曲线的方次	不敏感	1.1～1.5
	γ	湿润锋到达的深度比	不敏感	0.2～0.7
	B	蓄水容量面积曲线的方次	不敏感	0.0～1.0
	IM	不透水面积占流域的比值	不敏感	0.01～0.02
	KI	自由水库对壤中流的出流系数	较敏感	0.2～0.9
	KG	地下虚拟拦蓄水库的出流系数	较敏感	0.2～0.9

续表

层次	参数	参数意义	敏感程度	取值范围
汇流计算	CS	河网蓄水消退系数	敏感	0.3～0.9
	CI	壤中流消退系数	敏感	0.5～0.99
	CG	地下水消退系数	敏感	0.5～0.998
	K	马斯京根演算参数/h	敏感	0～10
	x	马斯京根演算参数	敏感	0～0.5
损失处理	k	径流向下补给比例	敏感	0.01～0.5
	h	地下虚拟水库的拦蓄量阈值	不敏感	10～80
	KGG	地下虚拟水库的排泄系数	不敏感	0.001～0.2
	kk	土壤物理性质参数	不敏感	0.001～0.1

7.4.3.2 目标函数和数值解抽样数设置

1）关于蓄超组合产流的数值解问题

本书建立的模型重点考虑半湿润半干旱区产流和汇流的特点，建立基于双变量联合分布的地表以下多层界面流的产流求解方法，针对联合分布解析解求解困难的问题，建立方便实用的基于蒙特卡罗随机抽样的数值解法。在此数值计算中，对于中小河流，抽样量 n 可以取值在 200～1000，具体视情况而定。太小会影响精度，不足以反映空间的不均匀性，太大会影响计算效率，耗时较长。

2）关于目标函数设定的问题

对于日过程模拟，应侧重以水量平衡系数和确定性系数为精度评定依据，分别赋予相应的权重，建立考虑水量平衡函数和确定性系数的综合目标函数，采用综合目标函数如果无法得到预期效果时，应侧重采用水量平衡函数作为目标函数。

在次洪模拟时，应侧重以洪峰流量、洪水总量和峰现时间三要素的合格率最高和确定性系数最高为依据。在半干旱区和特殊的半湿润区，由于存在种种问题和难点，无法保证确定性系数和预报要素合格率最高，因此，对洪水进行模拟和预报时，如果无法同时保证多目标均达到最优，应侧重以洪峰流量、洪水总量和峰现时间三要素的合格率最高为依据，忽略确定性系数。而且，在对三个要素重要性的权衡上，应重点考虑洪峰，在参数优化时，应使洪峰误差值最小，特别是在中小河流域，建议采用考虑洪峰误差值最小和确定性系数最大的双目标函数，一般能够取得较小的洪峰模拟误差和较好的洪水过程线。

7.4.4　小结

本章对模型的参数做了全面、概要的描述，区分需要在日过程模型中率定的参数 KC、UM、LM、C、KF、BF、B、γ 、k、KGG、kk，阐述不需要率定的参数 RWMM、IM、h、b 的物理概念和取值方法，明确需要在次洪模型中率定的参数 KI、KG、FC、CS、CI、CG、K、x 等。针对这些敏感参数，以及本模型提出的反映垂向包气带不均匀性的参数 b、湿润锋到达的深度比参数γ 等，采用传统的简单易行的人工扰动法对参数进行了敏感分析，分析在对全局最优参数人工施加 10%的增（减）量后洪水过程的变化。结果表明：①γ 、b 等关于包气带（及蓄水容量）垂向不均匀性描述的参数在扰动的范围内不敏感，说明本书提出的处理包气带垂向不均匀性的参数具有在区域上的一致性和可移用性。②出流系数 KI 和 KG 对洪水有一定影响，但影响程度视情况而定，与径流组分的比重及消退系数的影响有关。③CS 、CI 、CG 的影响较大，总体而言，轻微下调参数值会导致洪峰升高，轻微上调会导致洪峰降低和流量过程的坦化，对洪水过程线影响显著，需要重点调试。④马斯京根方法的两个参数 K 和 x 在中小流域里微小的参数变化对洪水过程的影响并不敏感，具体要视情况而定。⑤k 也较敏感，其决定二次下渗从上往下的补给量，一般来说，k 减小会导致峰值增大，k 增大会导致峰值减小。

通过对北方三个典型的半湿润半干旱流域历史洪水的模拟，初步确定模型参数的初始值取值范围，完成包括参数取值方案、目标函数设置和数值解抽样数设置的建模方案的推荐。

参 考 文 献

包为民. 2009. 水文预报[M]. 4 版. 北京：中国水利水电出版社.

陈玉林, 韩家田. 2003. 半干旱地区洪水预报的若干问题[J]. 水科学进展, 14(5): 612-616.

晋华. 2006. 双超式产流模型的理论及应用研究[D]. 北京: 中国地质大学.

李致家, 黄鹏年, 张建中, 等. 2013. 新安江-海河模型的构建与应用[J]. 河海大学学报(自然科学版), 41(3): 189-195.

赵人俊. 1984. 流域水文模拟：新安江模型与陕北模型[M]. 北京: 水利电力出版社.

Duan Q Y, Gupta V K, Sorooshian S. 1993. Shuffled complex evolution approach for effective and efficient global minimization[J]. Journal of Optimization Theory and Applications, 76(3): 501-521.